电工及电子技术基础实验

谢 实 朱 荣 主编

科 学 出 版 社

北 京

内 容 简 介

　　本书是根据教育部课程指导委员会颁布的电工学课程教学基本要求和昆明理工大学电工电子实践教学的实际情况,结合相关的理论知识编写的。该书共分为四个部分,第一部分为电工技术实验,共有 9 个实验;第二部分为电子技术实验,共有 12 个实验;第三部分是电子实习;第四部分是与实验密切相关的附录,包括实验仪器仪表的使用和实验元、器件的介绍。电子实习和实验部分的设计性、趣味性实验,旨在进一步提高学生的实践能力和创新能力。

　　本书的内容具有较强的可操作性和一定的通用性,适于高等工科院校非电专业学生使用。

图书在版编目(CIP)数据

电工及电子技术基础实验/谢世,朱荣主编 . —北京:科学出版社,2009
ISBN 978-7-03-023958-7

Ⅰ.电… Ⅱ.①谢… ②朱… Ⅲ.①电工技术-实验-高等学校-教材
②电子技术-实验-高等学校-教材 Ⅳ.TM-33 TN-33

中国版本图书馆 CIP 数据核字(2009)第 010438 号

责任编辑:马长芳 贾瑞娜 / 责任校对:钟 洋
责任印制:徐晓晨 / 封面设计:陈 敬

科 学 出 版 社 出版
北京东黄城根北街 16 号
邮政编码:100717
http://www.sciencep.com

北京厚诚则铭印刷科技有限公司 印刷
科学出版社发行　各地新华书店经销

*

2009 年 2 月第 一 版　　开本:B5(720×1000)
2017 年 8 月第五次印刷　　印张:9
字数:166 000
定价:25.00 元
(如有印装质量问题,我社负责调换)

前　言

在工科高等学校非电专业的教学计划中,电工学是一门实践性较强的技术基础课程,其实验课是一个重要的教学环节,它可以帮助学生加深理解和进一步巩固在课堂上学到的理论知识,并且得到相应电工电子技术方面的基本技能训练。我们根据教育部课程指导委员会颁布的电工学课程教学基本要求和昆明理工大学电工电子实践教学的实际情况,结合相关的理论知识,编写了本教材。

本书分为四部分。第一部分为电工技术实验,共有 9 个实验内容;第二部分为电子技术实验,共有 12 个实验内容;第三部分是电子实习;第四部分是与实验密切相关的附录,包括实验仪器仪表的使用和实验元、器件的介绍。电子实习和实验部分的设计性、趣味性实验,旨在进一步提高学生的实践能力和创新能力。

其中,实验 1、4、17 由刘洁老师编写;实验 2、3、7 由梁浩雁老师编写;实验 5、6、8 由赵玺老师编写;实验 9、21 由沈正彪老师编写;实验 10、11 由邓玉芬老师编写;实验 12～16、18、20 由朱荣老师编写;实验 19 和附录 1～6 由谢实老师编写;电子实习部分由何春老师和谢实老师编写。全书修改和统稿工作由谢实老师完成。本书由杨立功老师和陈颀老师主审。

在本教材的编写过程中还得到了昆明理工大学电工电子中心的邵永成、金建辉、刘海鹏、马才方、毛肖、张磊等老师的大力协助,他们对本教材提出了许多宝贵的意见和建议,在此表示衷心的感谢。

由于我们的水平有限,书中错误和不妥之处在所难免,恳请读者给予批评指正,以便于本书的修订和提高。

昆明理工大学电工电子中心

2008 年 12 月

目　录

第一部分　电工技术实验

实验 1　常用电子仪器的使用

一、实验目的

1. 学习函数发生器的使用方法,学会调节输出信号的频率和幅值,了解面板上各旋钮的作用。

2. 学习使用双踪示波器测量信号电压的幅度、周期(或频率)及相位的基本方法,了解面板上各旋钮的作用及使用方法。

3. 熟悉智能电工实验台、交流毫伏表等仪器设备的使用,为后续实验做准备。

二、预习要求

1. 认真阅读"电工电子技术实验须知",了解如何进行电工实验、安全规程,以及应注意的问题。

2. 熟悉本次实验的具体内容,预习实验步骤。

3. 通过阅读实验原理和附录,了解双踪示波器、函数发生器、交流毫伏表等的主要技术指标。

三、实验仪器设备

名　称	型号及参数说明	数　量
双踪示波器	YB4325	一台
函数发生器	DF1641A1	一台
交流毫伏表	DF1930A	一台
实验电路	一阶二阶电路	一块

四、实验原理

本实验所用电子仪器及其主要技术指标如下:

(一) YB4325 型双踪示波器

YB4325 型双踪示波器为一便携式晶体管类型的示波器,具有 CRT 读出功能。它能在屏幕上同时显示两个波形,可以方便、准确地测量信号的频率、相位和电压值。

该示波器灵敏度按 1—2—5 顺序从 1mV/格至 5V/格递增,对输入信号具有

20MHz 的频率特性响应。扫描速度以 1—2—5 为顺序从 1μs/格至 0.5s/格递增，有外接触发信号输入插口。最大输入电压信号为 400V(DC＋AC 峰-峰值)。

(二) DF1641A1 函数发生器/频率计

作为函数发生器时,可输出的信号波形(FUNCTION)有:方波、三角波、正弦波、脉冲波,输出信号频率范围为 0.1Hz～2MHz,输出阻抗 50Ω±10%,输出幅度不小于 20V(空载),输出幅度可衰减 20dB,40dB。

频率范围(RANGE):0～2Hz、2 ～20Hz、20～200Hz、200Hz～2kHz、2～20kHz、20～200 kHz 、200kHz～2MHz(分七挡)。

作为频率计使用时(探头接 COUNTER),频率计数显示屏可显示输出信号的频率,也可显示外测信号频率,测量范围 1Hz～10MHz,输入阻抗不小于 1MΩ/20pF,灵敏度 100mV(有效值),最大输入 150V(AC＋DC)(带衰减器),测量误差小于 $3×10^{-5}±1$ 个字。

(三) DF1930A 交流毫伏表

交流毫伏表是测量正弦交流信号有效值的仪表。它与一般的交流电压表(万用表)相比,具有输入阻抗高、测量范围广的特点,能够完成工频及非工频下正弦交流信号的测量。

DF1930A 是一种智能型数字交流毫伏表,适用于测量频率 5Hz～2MHz,输入 100～300V 的正弦波电压有效值,最大输入电压 450V。具备手动/自动(MANU/AUTO)测量功能,同时显示 dB/mdB 值,以及量程和通道。量程有:3mV,30mV,300mV,3V,30V,300V。

五、注意事项

1. 仪器使用前,须阅读各仪器的使用说明(详见附录),严格遵守操作规程。

2. 双踪示波器的电源开关不能频繁开启。关机后,应过 3 分钟后再开机。光点不要长时间停留在一点上,否则荧光屏可能烧出斑点。

3. 仪器旋钮和按键用力不宜过猛,以免造成损坏。

4. 函数发生器、直流稳压电源的输出端不能短接。对交流电路观测时应共地连接。

六、实验内容及步骤

1. 时基线的调节。接通电源,其指示灯亮;稍等预热,屏幕中出现光迹,分别调节亮度和聚焦旋钮,使光迹的亮度适中、清晰。垂直方式选择双踪,适当调节垂直位移旋钮,可在屏幕上观察到两条扫描时基线。

2. 观察示波器的校正电压波形。通过示波器专用(同轴电缆线)探头,将示波器内部的标准方波信号 1kHz、2V$_{P-P}$引入 CH1 输入(X)或 CH2 输入(Y)端子,触发源开关选择对应的 CH1 或 CH2 输入信号作为触发信号。调节触发电平旋钮,屏上显示出稳定的波形,示波器面板其他旋钮的位置可参考表 1.1。

表 1.1　示波器面板开关或旋钮的初始位置

开关或旋钮名称	位置	开关或旋钮名称	位置
输入耦合开关	AC	触发极性	＋
触发方式	自动	触发耦合	AC
垂直方式	CH1 或 CH2	触发源开关	CH1 或 CH2
TIME/DIV(扫描速率)	0.5ms/cm	辉度旋钮	适中
VOLTS/DIV(灵敏度)	1V/cm	聚焦旋钮	适中

(1) 将 TIME/DIV(扫描速度)旋钮置于表 1.2 中所要求的各位置,记下波形在 X 轴方向一个周期所占的格数 d(cm),计算相应的频率,并与 1kHz 进行比较。

表 1.2　标准信号的测量

扫描速率 /(ms/cm)	d /cm	f /Hz	灵敏度 /(V/cm)	h /cm	V_{P-P}/V
1			0.5		
0.5			1		
0.2			2		

(2) 将 VOLTS/DIV(灵敏度)旋钮置于表 1.2 中所要求的各位置,记下波形在 Y 轴方向所占的格数 h(cm),计算 V_{P-P}(峰-峰值电压)的值,并与 2V 进行比较。有关计算公式为:

$$T = d \text{ (ms/cm)}, \quad f = \frac{1}{T}, \quad V_{P-P} = h \text{ (V/cm)}$$

3. 观察正弦交流电压波形。调节函数发生器微调旋钮,使输出电压为频率 1kHz、幅度 5V 的信号,用专用探头引入示波器的一个通道。调整示波器有关旋钮,使屏幕上呈大小适中且稳定的正弦波。按表 1.3 所示完成实验。

(1) 测出波形在 X 轴方向一个周期所占的格数 D(cm),计算相应的频率。

表 1.3　正弦交流电压的测量

信号值	扫描时间 /(ms/cm)	D /cm	灵敏度 /(V/cm)	h /cm	f /Hz	U(有效值) /V
5V,1kHz						
自选						

(2) 测出波形在 Y 轴方向的格数 h(厘米数),按公式 $U = \dfrac{h \times 灵敏度}{2} \times \dfrac{1}{\sqrt{2}}$ 计算出电压的有效值。

4. 函数发生器及交流毫伏表的使用。将 DF1641A1 函数发生器输出幅度衰减(ATTENUATOR)分别按输出幅度衰减"0dB"(无衰减)、"－20dB"(衰减 10 倍)、"－40dB"(衰减 100 倍)三种情况,输出波形选择"正弦波"。调节输出信号频率旋钮(FREQUENCY)和幅度旋钮(AMPLITUDE),使函数发生器输出频率为 1kHz,有效值为 7V 的信号(用 DF1930A 交流毫伏表测量电压的有效值),数据记入表 1.4 中。注意检查函数发生器的"输出幅度衰减"按键的位置是否正确。

表 1.4 函数发生器幅度衰减

测定项目	测定的正弦波信号 1kHz,20V$_\text{P-P}$		
函数发生器幅度衰减	0dB 衰减	20dB 衰减	40dB 衰减
交流毫伏表测量的有效值/V			

5. 相位差的测量。测量相位一般是指测两个信号的相位差,且两信号必须是同频率的。实验按图 1.1 接线,图中采用 1kHz、5V 的正弦信号,经 RC 移相网络获得同频不同相的两路信号。

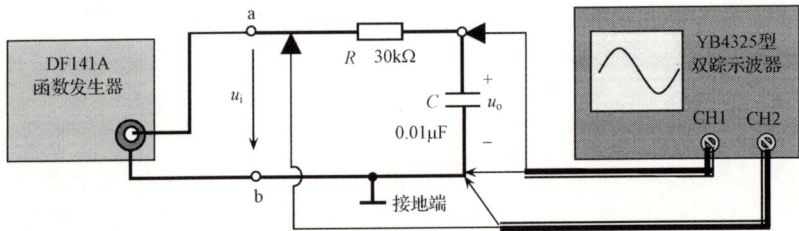

图 1.1 RC 移相网络接线图

(1)用示波器观察 RC 移相网络的输入 u_i 与输出 u_o 波形。记录相关波形,并标出有关数据。

(2)测出上述两个波形之间的相位差。其方法为:调节扫描速度开关的位置,测出波形周期 T 在水平方向上所占的格数 d(cm),以及两个波形的水平差距 K(cm),按下面公式可计算出相位差 φ。将测量和计算结果记入表 1.5 中。

表 1.5 相位差的测量

K/cm	d/cm	相位差 φ(测量值) $\varphi = \dfrac{360°}{d} \times K$	理论值 φ(测量值) $\varphi = \arctan(\omega R C)$
波 形 (在坐标系中 画出 u_i 和 u_o)			

七、实验报告要求及思考题

1. 总结正确使用双踪示波器、函数发生器等仪器,用示波器读取被测信号电压值、周期(频率)的方法。

2. 欲测量信号波形上任意两点间的电压,应如何测量?

3. 被测信号参数与实验仪器技术指标之间有什么关系?如何根据实验要求选择仪器?

4. 用示波器观察某信号波形时,要达到以下要求,应调节哪些旋钮?

① 使波形清晰;② 使波形稳定;③ 改变所显示波形的周期数;④ 改变所显示波形的幅值。

实验 2　基尔霍夫定律和叠加原理的验证

一、实验目的

1. 验证基尔霍夫定律和叠加原理。
2. 学习电压表、电流表、万用表等常用仪器、仪表的使用。

二、预习要求

1. 了解实验中所用仪器仪表的工作原理、特性及使用方法。
2. 根据图 2.1 所示的给定参数,用基尔霍夫定律计算支路与回路的理论值。
3. 根据图 2.3 所示的给定参数,用叠加原理计算各支路的理论值。

三、实验仪器设备

名　　称	型号及参数说明	数　　量
双路直流稳压电源	+10V、−6V 切换	一台
直流电压表	量程 0/20/200V	一台
直流电流表	量程 0/200mA/2A	一块
实验电路	直流电路基本定律及分析	一块

四、实验原理

(一)基尔霍夫定律

1. 基尔霍夫电流定律:任何时刻,对任一结点所有支路电流的代数和恒等于零,即 $\sum i = 0$。

2. 基尔霍夫电压定律:任何时刻,沿任一回路内所有支路或元件电压的代数和恒等于零,即 $\sum u = 0$。

（二）叠加原理

多个独立电源作用于线性电路中,任何一条支路中的电流(或任意两点的电压)都可以看成是由电路中各个电源(电压源或电流源)单独作用时,在该支路中所产生的电流(或该两点的电压)的代数和。如图 2.1 所示,实验时使用双路输出的直流稳压源作为电压源 E_1 和 E_2,一般认为电源的内阻很小,可忽略不计。

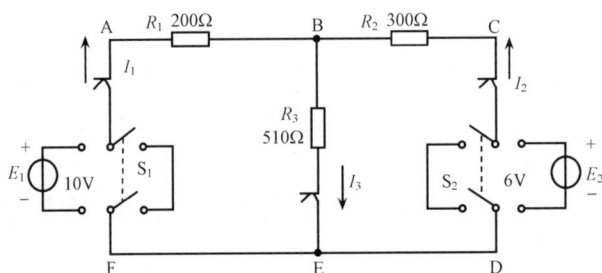

图 2.1　基尔霍夫定律实验电路图

（三）电流插孔和插头的使用

DG013T 的各实验电路中,提供有多个独立的电流插孔(一般标有电流单位 A),其原理如图 2.2 所示。当需要测量某一支路电流时,可利用串联在被测电流支路上的电流插孔,将与一个电流表相联结的电流插头插入电流插孔中,亦即将电流表接入了电路中,电流流经电流表而测得所需支路电流。如将电流插头拨出,就将电流表从该支路中取出,而该支路经过电流插孔仍保持导通。

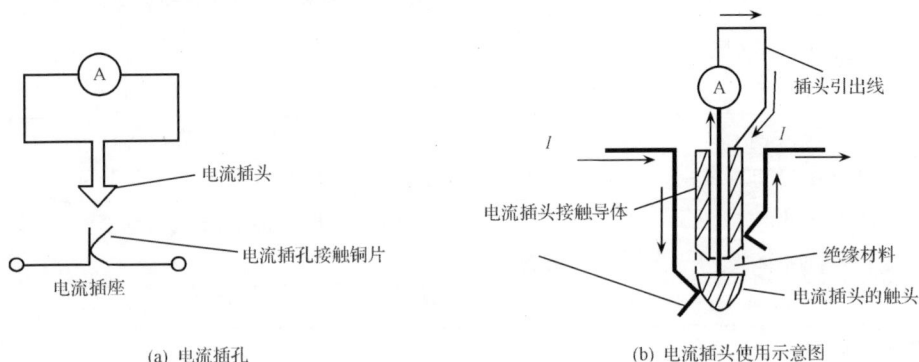

(a) 电流插孔　　　　　　　　　　(b) 电流插头使用示意图

图 2.2　电流插座和插头结构

（四）万用表的使用方法

万用表可测量多种电量,虽然准确度不高,但是使用简单,携带方便,特别适用于检查线路和修理电气设备。万用表有磁电式(指针式)和数字式两种,下面介绍本实验室使用的 VC3010 或 VC3021 指针式万用表。

1. 端钮(或插孔)的选择。

(1) 万用表一般配有红、黑两种颜色的表笔,面板上也有红、黑两色端钮或标有"＋"、"－"极性的插孔。使用时应将红表笔接红色端钮或插入标有"＋"号的插孔内,黑表笔接黑色端钮或插入标有"－"号的插孔内。

(2) 测电流时串联接入电路,测电压时并联接入电路。测量直流时要注意正负极性,红表笔接正极,黑表笔接负极。

2. 转换开关位置的选择。

(1) 根据测量对象,将转换开关转至需要的位置上。例如测量电压,转换开关转至电压挡;测量电流,转换开关转至电流挡。严禁在带电测量时旋转转换开关;严禁带电测电阻。

(2) 合理选择量程。决定测量范围时,选择较高量程。如果测量值不可预测,应选最大范围。测量电压或电流时,应使表针偏摆 $1/2 \sim 2/3$ 范围内;测量电阻时,应使表针偏摆在欧姆表刻度中心值附近,这样读数比较准确。

3. 机械调零和欧姆调零。用万用表测量电压或电流前,应通过面板中心的调零螺钉进行机械调零,使指针偏摆在左侧零刻度线上,以保证测量的准确性。在测量电阻时,每转换一次量程时,都要进行欧姆调零。方法是将两根表笔短接,如指针未能偏摆在最右侧,即 $R = 0$ 的刻度线上,则调整面板上的"零位欧姆调节"旋钮,使指针指零。

4. 测量完毕,将开关转至交流电压挡最大量程位置上或旋至"OFF"挡。注意,使用万用表测量电阻时,面板上的"＋"端是接至内部电池的负极上,而"－"端是接至内部电池的正极上。

五、注意事项

1. 需要更改线路时,先断开电源以避免带电操作。

2. 要等待测量表中数据的稳定后读数,记录数据时应标出正负号。

3. 在启动实验台的电源之前,应将直流稳压电源、恒流源的输出旋钮置于零位,实验时再缓缓地增、减输出。直流稳压电源的输出不允许短路。

六、实验内容及步骤

(一) 验证基尔霍夫定律

1. 按图 2.1 接线。其中标有 I_1、I_2、I_3 及其方向的是电流插孔(电流插头接 DG054-1T 的 2A 直流电流表),S_1、S_2 是双刀双掷开关。

2. 先将 S_1、S_2 合向短路线一边,调节双路直流稳压电源 DY031T,使 $E_1 = 10V$,$E_2 = 6V$(最好用电压表测量 DY031T 的输出电压)。

3. 将 S_1、S_2 合向电源一边,按表 2.1 和表 2.2 中给出的各参量进行测量并记录,验证基尔霍夫定律。

表 2.1　基尔霍夫电流定律

I_1/mA	I_2/mA	I_3/mA	验证结点 B：$\sum I = 0$

表 2.2　基尔霍夫电压定律

U_{AB}/V	U_{BC}/V	U_{CE}/V	U_{EA}/V	U_{BE}/V	验证：$\sum U = 0$	
					回路 ABCDEFA	回路 ABEFA

（二）验证叠加原理

1. 双路可调直流稳压电源输出，$E_1 = 10\text{V}$、$E_2 = -6\text{V}$（E_2 极性与图 2.2 相反）。根据电路中标明的支路电流及电阻端电压的参考方向，进行实验验证。

2. 按图 2.3 接线，开关 S_1、S_2 均置向各自的电源。测量 E_1、E_2 共同作用下 R_3 支路的电流 I_3 及电压 U_3 的数值，数据记入表 2.3 中。

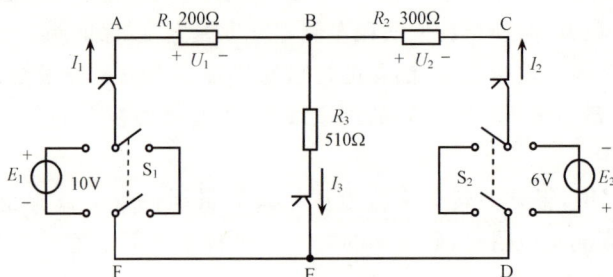

图 2.3　叠加原理实验电路图

3. 在图 2.3 中将 E_2 断开，S_2 置向短路线，S_1 置向电源。测量 E_1 单独作用下 R_3 支路的电流 I_3 及电压 U_3 的数值，数据记入表 2.3 中。

4. 在图 2.3 中将 E_1 断开，S_1 置向短路线，S_2 置向电源。测量 E_2 单独作用下 R_3 支路的电流 I_3 及电压 U_3 的数值，数据记入表 2.3 中。

表 2.3　叠加原理的验证

待测量　　　　　　外接电源	I_3/mA			U_3/V		
	测量值	计算值	相对误差	测量值	计算值	相对误差
E_1、E_2 同时作用						
E_1 单独作用						
E_2 单独作用						

5. 如图 2.4 所示，R_3 下面串联一只二极管（型号 4001），重复步骤 2～4 的测量。验证该支路的电流 I_3 及电压 U_3 是否满足叠加原理，记录相关数据。

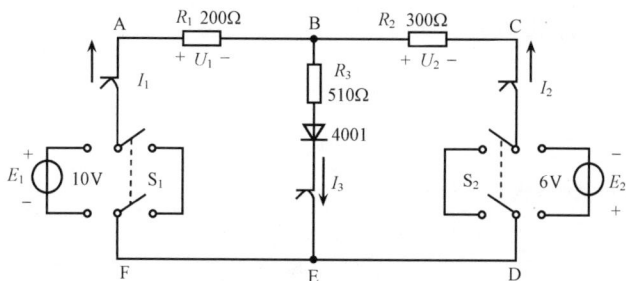

图 2.4　叠加原理实验电路图

表 2.4　叠加原理的验证

外接电源 ＼ 待测量	I_3/mA	U_3/V
E_1、E_2 同时作用		
E_1 单独作用		
E_2 单独作用		

七、实验报告要求及思考题

1. 说明基尔霍夫定律和叠加原理的正确性。计算相对误差,并分析误差原因。

2. 使用万用表测量电阻、直流电压、直流电流时,应注意些什么问题?

3. 实验时,如果电源(直流稳压电源)内阻不能忽略,应如何进行?

4. 含有二极管的电路是否满足叠加原理?

实验 3　戴维宁定理的验证

一、实验目的

1. 验证戴维宁定理;学习有源二端网络伏安特性的测试方法。

2. 学习通过实验来实现有源二端网络的等效变换。

二、预习要求

1. 根据实验内容估算电流及电压值并选择仪表量程。

2. 根据本实验电路给定的参数,用戴维宁定理计算出 a、b 点左侧有源二端网络的开路电压 U_o、等效电阻 R_o 和短路电流 I_s。

三、实验仪器设备

名　　称	型号及参数说明	数　量
双路直流稳压电源	输出＋12V	一台
直流电压表/直流电流表	量程 0/20/200V,量程 0/200mA/2A	各一块
万用表	VC3010 或 VC3021	一块
实验电路	直流电路基本定律及分析	一块
电阻箱	R_X 100Ω～10kΩ	一台

四、实验原理

1. 戴维宁定理:任何一个线性有源二端网络都可以用一个电动势为 E 的理想电压源和内阻为 R_o 的电阻串联来等效替代。电动势 E 等于该二端网络的开路电压 $U_{ab}(U_{oc})$,内阻 R_o 等于二端网络内部除去理想电源(理想电压源短路,理想电流源开路)后该网络的输入端电阻(等效电阻),如图 3.1 所示。

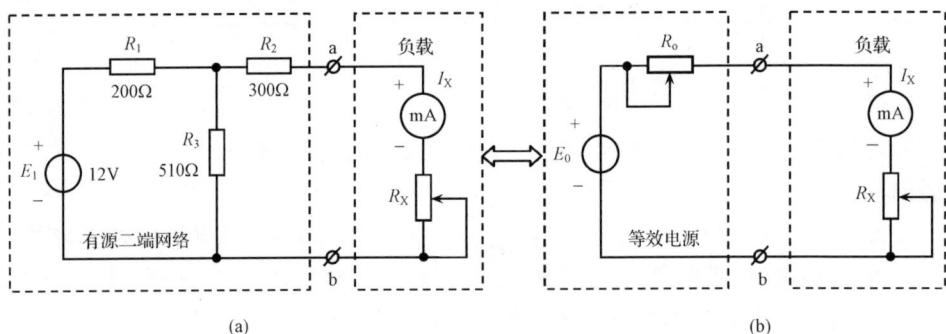

图 3.1　戴维宁定理实验电路图

2. 线性有源二端网络输出电压与电流间的关系称为这个网络的外特性(伏安特性),即 $U = f(I)$。用图 3.2(a)所示的线路测出网络在不同负载下的电压和电流,就能得到网络的外特性曲线,如图 3.2(b)所示,是一条直线,它与其等效的电压源的外特性($U = E - IR_o$)相同。根据外特性曲线求出斜率 $\tan\varphi$,则等效电阻为

$$R_o = -\tan\varphi = -\frac{\Delta U}{\Delta I}$$

E 可利用外特性关系式 $U = E - IR_o$ 计算出,或用开路电压法直接测得。

五、注意事项

1. 参考实验 2 注意事项。

2. 图 3.1 中 R_X 电阻箱即是负载电阻 R_L,电流表(mA 电流插孔)可参考实验 2

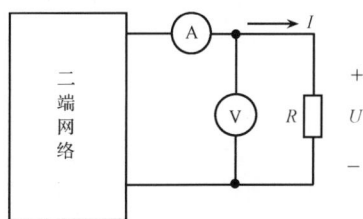

(a) 外特性测试电路   (b) 外特性曲线

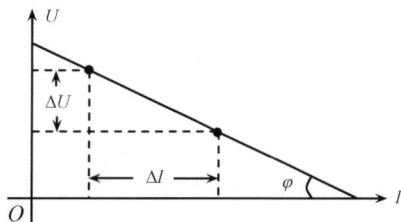

图 3.2

的接法。变换电阻时不能使电阻箱的电阻为"0"值。

六、实验内容及步骤

(一) 验证戴维宁定理

取双路可调直流稳压电源,使 $E_1 = 12V$。按图 3.1(a)接线,a、b 端左边的电路为有源二端网络。其等效电压源参数 E 和 R_o 的测量,可采用以下三种方法:

1. 两次电压法:先测量有源二端网络的开路电压 U_{oc}。在端口外接已知负载电阻 R_x(电阻箱 R_x 取 1kΩ),再次测量端电压 U_{ab},按公式 $R_o = \left(\dfrac{U_{oc}}{U_{ab}} - 1 \right) \times R_x$ 计算内阻。

2. 间接测量法:图 3.2(a)中移去负载电阻 R_x;将 a、b 两端串接一直流电流表(用电流插口),测出其短路电流 I_S;再测出 a、b 两端的开路电压 U_{oc},数据记入表 3.1 中。利用 $R_o = U_{oc}/I_S$ 计算 R_o。这种方法仅适用于等效内阻 R_o 较大而短路电流 I_S 不大的情况(因短路电流太大会损坏电路的器件)。

3. 直接测量法:将 $E = 12V$ 电源除去后,原接点之间短路(开关 S_1 于右边位置),用万用表欧姆挡直接测量二端网络(开路)a、b 端子之间的电阻。

(二) 有源二端网络的外特性

图 3.1(a)接线不变。在 a、b 两端接上负载 R_x(电阻箱)和电流表,调节 R_x 的倍率使其为表 3.1 中不同电阻值时,测量出 R_x 所在支路的电流 I_x 及端电压 U_{ab},并将结果记入表 3.1 中。

(三) 等效电压源的外特性

取表 3.2 中的一组测量数据,按图 3.1(b)接线,将 E_0 的值调到开路电压 U_{oc} (U_{ab})的值,用 1kΩ 电位器调到 R_o 的值(万用表×10 挡测量)。a、b 两端接上负载电阻 R_x,调节 R_x 为表 3.1 中不同阻值时,测量电流 I_x 及端电压 U_{ab},结果记入表 3.2 中。

表 3.1　验证戴维宁定理

实　测　值			理　论　值		
U_{oc}/V	U_{cd}/V	计算 R_o/Ω	U_{oc}/V	U_{cd}/V	R_o/Ω
U_{oc}/V	I_S/A	计算 R_o/Ω	U_{oc}/V	I_S/A	R_o/Ω

表 3.2　外特性测试

条件 电阻	R_X/Ω	400Ω	600Ω	800Ω	1kΩ	1.2kΩ	1.5kΩ	2kΩ	3kΩ
有源二端网络	I_X/mA								
	U_{ab}/V								
	计算 R_X/Ω								
等效电压源	I_X/mA								
	U_{ab}/V								
	计算 R_X/Ω								

七、实验报告要求及思考题

1. 说明戴维宁定理的正确性。计算表 3.1 的相对误差,并分析误差原因。

2. 对有源二端网络内阻 R_o 的测量是否还有其他方法,若有说明其中一种方法。

3. 电压表、电流表的内阻分别是越大越好还是越小越好,为什么?

4. 将表 3.2 中 $U_{ab}=f(I_X)$ 的数值,用描点法画出等效电压源的外特性。

实验 4　*RLC* 串联交流电路

一、实验目的

1. 研究 *RLC* 串联电路中总电压与分电压,电压 u 与电流 i 之间的相位关系。

2. 研究 $R \neq 0$ 时,感抗 X_L、容抗 X_C 的大小对电路性质的影响,了解串联谐振的特征。

二、预习要求

1. 已知:$R=510\Omega$,$C=0.01\mu F$,$L=33mH$,$r \approx 21\Omega$(电感的内阻),实验前必须计算表 4.1～表 4.3 中所要求的理论值。

2. 复习教材相关内容,自学电工测量的相关知识。

3. 学习附录中函数发生器、交流毫伏表及双踪示波器的基本用法。

三、实验仪器设备

名　　称	型号及参数说明	数　　量
函数发生器/交流毫伏表	DF1641A1/ DF1930A	各一台
双踪示波器	YB4325	一台
实验电路	谐振电路	一块

四、实验原理

在 RLC 串联交流电路中,由电压相量 $\dot{U}$、$\dot{U}_R$ 及($\dot{U}_L + \dot{U}_C$)所组成的电压三角形,可求得 RLC 串联交流电路中总电压与分电压有效值关系:

$$U = \sqrt{U_R^2 + (U_L - U_C)^2} = I\sqrt{R^2 + (X_L - X_C)^2} \qquad (4.1)$$

实验中,由于电感元件本身具有电阻 r,因此上式为

$$I = \frac{U}{\sqrt{(R+r)^2 + (X_L - X_C)^2}} \qquad (4.2)$$

由电压三角形还可得

$$\varphi = \arctan\frac{U_L - U_C}{U_R} = \arctan\frac{X_L - X_C}{R + r} \qquad (4.3)$$

因此,阻抗 $|Z|$、电阻 R、感抗 X_L 及容抗 X_C 不仅表示了电压 u、u_R、u_L、u_C 与电流 i 之间的大小关系,而且也表示了它们之间的相位关系。随着电路参数的不同,相位差 φ 也就不同,故 φ 角的大小是由电路(负载)的参数决定的。

当电路中的 R、L、C 参数一定时,改变信号源的频率,可改变电路性质,即电路呈现下面三种情况:

(1) $X_L < X_C$,$\varphi < 0$,i 超前 u,电路呈容性。

(2) $X_L > X_C$,$\varphi > 0$,i 滞后于 u,电路呈感性。

(3) $X_L = X_C$,$\varphi = 0$,i 与 u 同相,电路呈纯电阻性(即电路发生串联谐振)。

在具有电感和电容元件的电路中,电路两端的电压与其中的电流一般是不同相的。如果调节电路的参数或电源的频率而使它们同相,这时电路发生谐振现象。因为发生在串联电路中,所以称为串联谐振。电路发生串联谐振具有如下特征:

(1) $X_L = X_C$,电路的阻抗最小,$|Z| = R + r$,电流最大。

(2) 电源电压波形与电流波形同相位(即 u 与 i 同相位)。

(3) 当 $X_L = X_C > R$ 时,U_L 和 U_C 高于电源电压 U。

(4) 谐振频率为 $f_0 = \dfrac{1}{2\pi\sqrt{LC}}$;品质因数为 $Q = \dfrac{\omega_0 L}{R} = \dfrac{1}{\omega_0 RC}$。

五、注意事项

1. 由于函数发生器内阻的影响,改变频率时,信号源的输出电压值会有一定

变化,应始终保持信号源的电压有效值为6V(用交流毫伏表监测)。不允许将信号源的输出端短接。

2. 双踪示波器的地端应与信号源的地端、电路板的地端连接在一起。

六、实验内容及步骤

按图4.1接线,按下面要求进行各项实验。

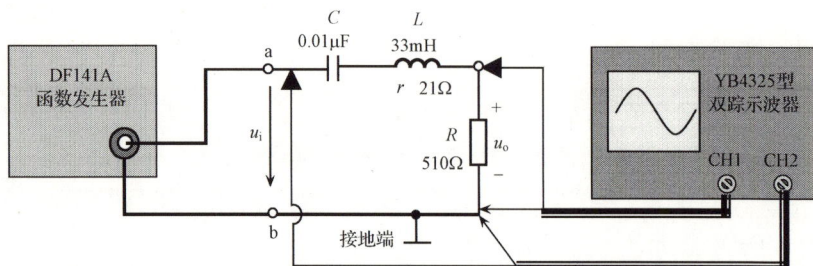

图 4.1 *RLC* 串联交流电路实验电路

注意:在测量 U_R、U_L、U_C 时,为了有效地进行实验,可以参考电路图4.2接线,每个测量电路要分别对 $f = 7.5\text{kHz}$,$f = 11\text{kHz}$,$f = f_0$(谐振频率)三种情况的各个被测电量分别进行测量。

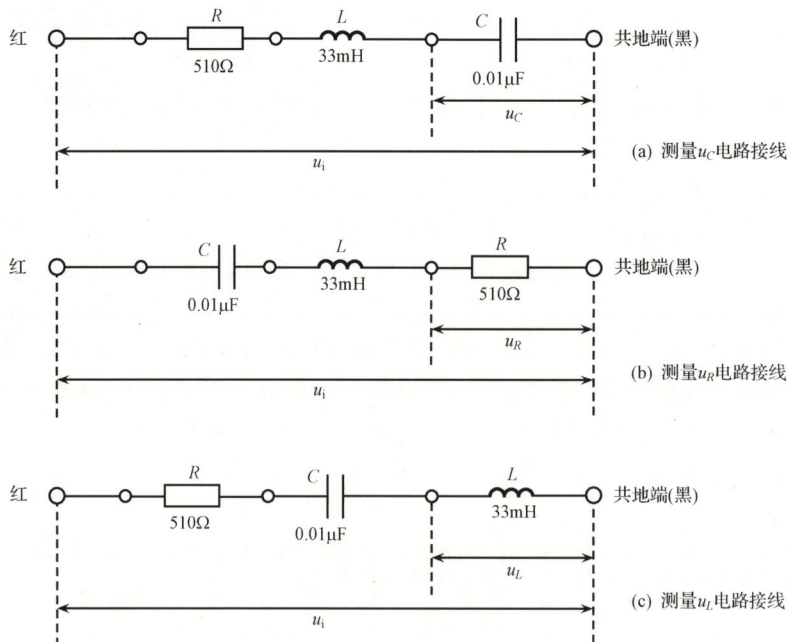

图 4.2 实验电路接线

1. 调节信号源频率，使 $f = 7.5\text{kHz}$（此时 $X_L = 1555\Omega$，$X_C = 2122\Omega$，即 $X_L < X_C$），将信号源的输出电压调至 6V，用交流毫伏表分别测出 U_R、U_{Lr}、U_C 的值，记入表 4.1 中。用示波器观察 u 与 i 的波形，并画波形图。电流 I 的测量值采用间接测量法，即用交流毫伏表测量 $R = 510\Omega$ 上的电压，然后再计算电流。

表 4.1　RLC 串联交流电路

测量参量	测量值	理论值	相对误差
U_R			
$I(U_R/R)$			
U_{Lr}			
U_C			
电路性质			
波形图 （在图中画出 u 和 i）			

2. 调节信号源频率，使 $f = 11\text{kHz}$（此时 $X_L = 2281\Omega$，$X_C = 1447\Omega$，即 $X_L > X_C$），保持信号源的输出电压 6V，用交流毫伏表分别测出 U_R、U_{Lr}、U_C 的值，记入表 4.2 中。用示波器观察 u 与 i 的波形，并画出波形图。

表 4.2　RLC 串联交流电路

测量参量	测量值	理论值	相对误差
U_R			
$I(U_R/R)$			
U_{Lr}			
U_C			
电路性质			
波形图 （在图中画出 u 和 i）	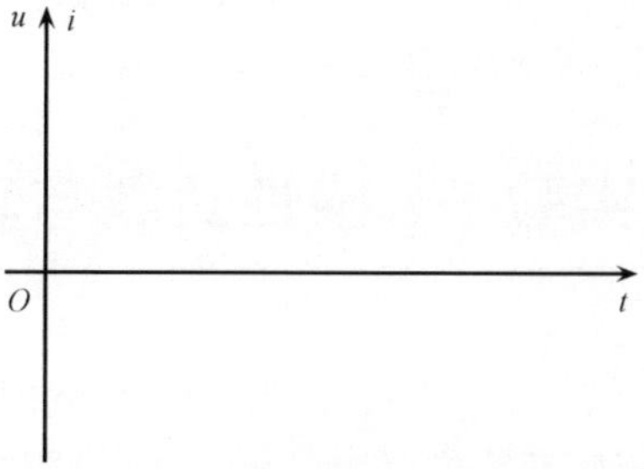		

3. 调整信号源频率, 当示波器上 u 与 i 的波形同相位, $X_L = X_C = 1831\Omega$, 且 $U_{L'} \approx U_C$ (交流毫伏表测量) 时, 说明电路发生串联谐振。此时, 信号源的频率显示即是谐振频率 f_0, 将测量的有关数据计入表 4.3 中, 并画出 u 与 i 的波形图。

表 4.3　RLC 串联交流电路

测量参量	$R=510\Omega$		$R=2\mathrm{k}\Omega$	
	测量值	理论值	测量值	理论值
f_0				
U_R				
$I(U_R/R)$				
$U_{L'}$				
U_C				
Q				
电路性质				
波形图(在图中画出 u 和 i)				

取 $R=2\mathrm{k}\Omega$, 保持 U 和 L、C 数值不变(即改电路 Q 值), 重复上述内容, 将测量数据记录于表 4.3 中。

七、实验报告要求及思考题

1. 列表整理实验数据, 通过实验总结串联交流电路的特点。

2. 从表 4.1~表 4.3 中任取一组数据(感性、容性、电阻性), 说明总电压值与分电压值的关系。

3. 实验数据中部分元件电压值大于电源电压值, 为什么?

4. 本实验中固定 R、L、C 参数, 改变信号源的频率, 可改变电路的性质。还有其他改变电路性质的方法吗?

实验 5　感性负载与功率因数的提高

一、实验目的

1. 掌握正弦交流电路中电压、电流的相量分析方法。

2. 学习单相交流电路功率的测量方法;加深理解提高功率因数的意义。

3. 掌握用并联电容改善功率因数的方法。

二、预习要求

1. 复习电感性负载提高功率因数的意义和方法。

2. 自学安全用电知识(实验附录及教材相关章节)。

3. 充分了解在实验电路中,随着电容值的变化,总电流 I、电感支路电流 I_L、电容支路电流 I_C 及电路中消耗的有功功率 P 的变化情况。

4. 实验电路中,若把电路的功率因数从 0.6 提高到 0.9,计算应并联多大电容较为合适。

三、实验仪器设备

名　　称	型号及参数说明	数　　量
单相调压器	0~250V	一台
日光灯电路	36W 日光灯管、镇流器及启辉器	一套
智能功率表	测量功率、电压、电流和功率因数等	一块
电容器	$0.68\mu F, 1\mu F, 2.2\mu F, 3.2\mu F, 4.7\mu F$ /400V	一组

四、实验原理

工业及民用电中,一般负载是感性居多,导致功率因数降低($\cos\varphi \leqslant 1$),负载与电源之间发生能量互换,出现无功功率 $Q = UI\sin\varphi$。当负载端电压一定时功率因数越低,输电线路上的电流越大,线路上的功率损耗越大,导致输电传输效率降低,同时使发电设备的容量得不到充分利用,因此提高功率因数对于节约和充分利用电能具有重要意义。

1. 对 RL 串联交流电路,负载的功率因数为

$$\cos\varphi = P /UI \tag{5.1}$$

因此,在测定功率、端电压及通过负载的电流后,计算得出功率因数,或直接从 $\cos\varphi$ 表读取数据。实验中使用的电感性负载是日光灯电路,其功率因数较低,约为 0.5。

提高功率因数常用电容补偿法(图 5.1),即在负载两端并联电容器,当电容器的电容量选择得当,可使线路功率因数得到提高;而并联电容器后,不影响感性负载的正常工作。将功率因数从 $\cos\varphi$ 提高到 $\cos\varphi'$ 所需并联电容按下式计算:

$$C = \frac{P}{\omega U^2}(\tan\varphi - \tan\varphi') \tag{5.2}$$

2. 日光灯电路由镇流器(为一铁心线圈含电感参数 L 和内阻为 r_L)、灯管 R 和启辉器构成,如图 5.2 所示。日光灯管是一根内壁涂有荧光物质的细玻璃管,管

的两端各装一组灯丝,管内充有惰性气体和少量水银;启辉器是由一个小的氖灯泡与一个电容并联构成,灯泡内有两个相距很近的电极,一个为固定的静触片,另一个为可动的双金属片呈倒 U 形。

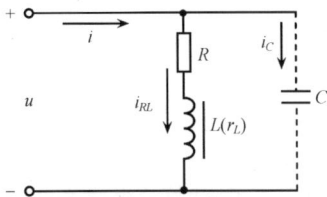

图 5.1　提高功率因数的方法

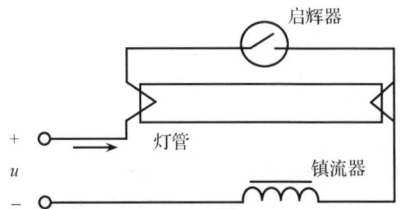

图 5.2　日光灯线路

当电路与电源(220V)接通时,电源电压 u 首先全部加在启辉器两端,使启辉器电极间发生辉光放电,并使电极加热而接触,从而接通灯丝电路,同时使灯管灯丝加热。启辉器电极接触后辉光放电停止,两电极因温度下降而复原,使电路断开,断开瞬间,镇流器线圈感应出很高的自感电压(400～500V),与电源电压叠加作用于灯管(辉光放电需要较高电压,而导通后的工作电压较低,100V 左右),使受热灯丝发生辉光放电,并发射紫外线,射线在管壁荧光物质上激发出可见光。

3. 智能功率表(DG054-1T)。功率表是一种测量电路有功功率的仪表,又称瓦特计,它由一个固定的电流线圈和一个可动的电压线圈组成。接线时,电流线圈与被测电路串联,以采集被测电路的电流信息;电压线圈与被测电路并联,采集被测电路的电压信息,由表头机构进行综合后显示有功功率数值。一般两线圈同名端"＊"应连在一起,再接入电源。指针式功率表结构如图 5.3(a)所示。实验中测量功率采用数字式智能功率表,它利用采样电阻通过对被测电路的电压、电流信息采样后,由单片机进行计算和处理显示测量结果。智能功率表可以测量工频正弦交流电压、电流、有功功率和电路的功率因数。智能功率表外部接线如图 5.3(b)所示。正确联结智能功率表测量线路后,可以用智能功率表显示屏下方的按键手动选择测量对象,测量电压时,显示屏上最左边的七段数码管显示"U";测量电流时,显示"I";测量功率时,显示"P";测量功率因数时,显示"C"。

五、注意事项

1. 正确使用调压器,通电前先将调压器调至"0"位,通电后调节单相调压器输出,使其输出电压缓慢增加或减少。为避免误接线损坏功率表,功率表外部接线见图 5.3(b)所示。

2. 进入实验室不要乱合开关,注意人身安全及设备安全,身体不要接触带电的部位。严禁带电接线、拆线,若需改线或改做实验内容时,应先断开电源,然后接线。线路接好后,须经检查无误后,再接通电源。

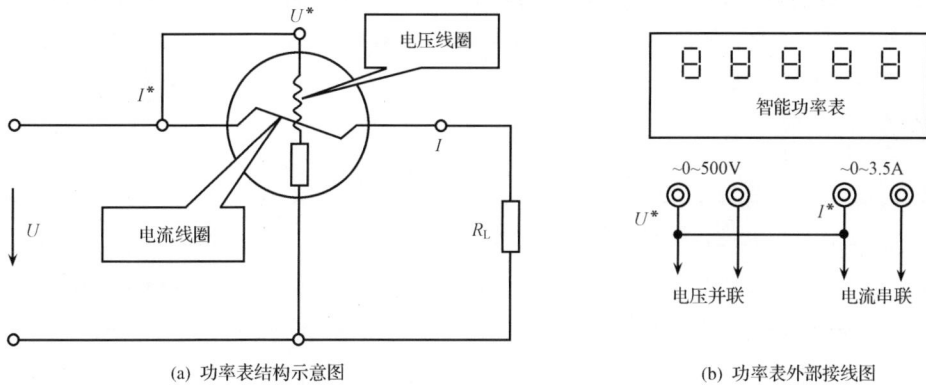

(a) 功率表结构示意图   (b) 功率表外部接线图

图 5.3

3. 实验中电容器由实验板上提供,测量电流使用的辅助设备电流插座和电流插头方法请参考实验1。

六、实验内容及步骤

1. 按图 5.4 接线(先不接电容 C),接好线路后检查无误再合上电源。合上电源开关,调节单相调压器输出,使其输出电压缓慢增加,直到日光灯刚好能启辉点亮为止,测量功率 P,电流 I,电压 U、U_L、U_R 等数据记入表 5.1 中,然后将单相调压器输出电压调至 220V 额定值,再次测量上述数据记入表 5.1 中。

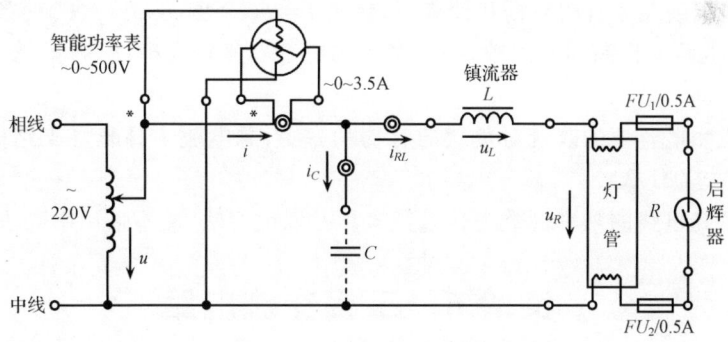

图 5.4 日光灯实验电路

表 5.1 日光灯的启动

项 目	测 量 数 值				测 量 值
	P/W	I/A	U/V	U_L/V	U_R/V	$\cos\varphi$
启辉值					
正常工作值					

2. 关闭电源,并将单相调压器调至"0"位。按图 5.3 所示接好智能功率表,并接入电容,检查无误后合上电源。将单相调压器输出电压调节增至 220V,分别在无电容、电容 C 为 $1\sim4.7\mu F$ 时,测量电路的电流、电压、功率及功率因数,数据记入表 5.2 中。

表 5.2 功率因数的提高

	测 量 数 据					直 读		计 算		
$C/\mu F$	U/V	I/A	I_{RL}/A	I_C/A	P/W	P_{RL}/W	$\cos\varphi_{RL}$	$\cos\varphi$	$\cos\varphi_{RL}$	$\cos\varphi$
无电容										
1										
2.2										
2.88										
3.2										
4.7										

观察总电流有效值的变化,找出其中功率因数最高的测量点,即总电流有效值 I 最小时对应的功率因数数值,将此时并联的电容值标记为 C^*。根据测量数据计算出相应的功率因数。

七、实验报告要求及思考题

1. 根据表 5.2 所测数据和计算值,作出 $I=f(C)$ 及 $\cos\varphi=f(C)$ 两条曲线。说明日光灯电路要提高功率因数,并联多大的电容器比较合理;电容量越大,$\cos\varphi$ 是否越高?

2. 说明电容值的改变对负载的有功功率 P、总电流 I 日光灯支路电流 I_{RL} 各有何影响?为什么?

3. 提高电路的功率因数为什么只采用并联电容法,而不采用串联法?

实验 6 三相交流电路

一、实验目的

1. 学习电阻性三相负载的星形联结和三角形联结方法。

2. 验证三相负载的线电压与相电压,线电流与相电流之间的数量关系,了解中线的作用。

3. 学习用三瓦特计法和二瓦特计法测三相负载的功率。

二、预习要求

1. 参阅附录及教材安全用电的内容。

2. 复习三相电路中的线电压与相电压,线电流与相电流的关系;星形联结时中线的作用。

3. 预习三相电路负载星形联结和三角形联结的实验电路(图 6.3 和图 6.4)。

4. 复习智能功率表(DG054-1T)的使用。

三、实验仪器设备

名　称	型号及参数说明	数　量
智能功率表	测量功率、电压、电流和功率因数	一只
三相电源	U、V、W、N	一只
三相交流实验电路	A、B 相负载各为两个串联的 220V、60W 白炽灯泡,C 相负载为两个串联支路并联	一套

四、实验原理

工业及民用的交流电源,几乎都是由三相电源供给的,单相交流电源也是由三相电源的一相提供的。三相电源一般来自三相发电机或者变压器副边的三个绕组。

1. 三相四线制电源的线电压 U_l 与相电压 U_p 的关系为 $U_l = \sqrt{3}U_p$,且线电压在相位上超前相应的相电压 30°。三个对称的相电压或三个对称的线电压在相位上彼此相差 120°。

2. 三相交流电路中负载有星形和三角形两种联结方法。采用哪种联结方法取决于电源电压与负载的额定电压。目前我国低压配电大多数为 380V,三相四线制系统,通常电灯(单相负载)的额定电压为 220V,本实验用白炽灯来模拟三相负载。

(1) 负载星形联结时。在有中线的情况下,不论负载对称与否,其线电流等于相电流 $I_l = I_p$,线电压在大小上为相电压的 $\sqrt{3}$ 倍,即 $U_l = \sqrt{3}U_p$,且线电压依次超前相应的相电压 30°。

当负载对称时,负载的相电流也是对称的,中线电流为零,所以中线可以不要。当负载不对称,中线电流 $\dot{I}_N \neq 0$,中线不能去掉。若去掉中线,则负载相电压将是不对称的,使负载不能正常工作。中线的作用在于使星形联结的不对称负载的相电压保持对称。

(2) 负载作三角形联结时。不论负载对称与否,其相电压均等于线电压,即 $U_l = U_p$。当负载对称时,其相电流也对称,相电流和线电流之间的关系为

$$I_l = \sqrt{3}I_p$$

且线电流滞后于相应的相电流 30°。当三相负载不对称时,相、线电流的大小不再

是 $\sqrt{3}$ 倍的关系,即 $I_l \neq \sqrt{3} I_p$,但其相电压(线电压)仍是对称的。

3. 三相对称负载的有功功率:

$$P = 3U_p I_p \cos\varphi = \sqrt{3} U_l I_l \cos\varphi$$

三相对称负载不论是星形还是三角形联结,该计算式均成立。

(1)在三相四线制供电时,若三相负载不对称,可采用三瓦特计法(三表法)测量,电路如图 6.1 所示。当测量出三相 P_U,P_V,P_W 后,三相负载的总功率为

$$P = P_U + P_V + P_W$$

(2)在三相三线制供电系统中,不论负载是否对称,亦不论负载是星形接法还是三角形接法,均可用二瓦特计法(二表法)测三相负载的总功率,电路如图 6.2 所示。可以证明,三相电路的总功率等于两个功率表读数的代数和。对电阻性电灯,负载即 $P = P_1 + P_2$。

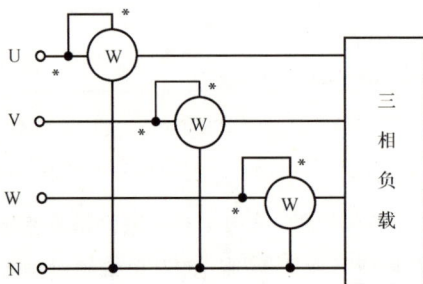

图 6.1 三表法测量三相功率图

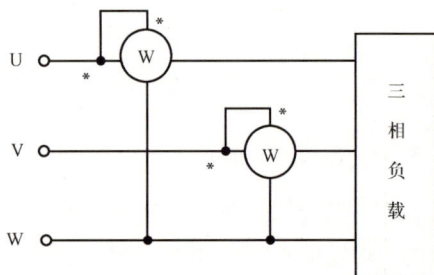

图 6.2 二表法测量三相功率

五、注意事项

本实验所用电压较高(线电压 380V),为确保人身安全,应遵守以下规则:

1. 注意人身安全及设备安全,手不要接触带电的部位(接线柱或金属部件)。进入实验室不要乱合开关,注意电流表的正确使用。

2. 实验中为了能方便地用一块电流表测量多处电流,线路中预先串入多个"测电流插孔",电流表接上带有电流插头的测试线。此种设计是为了避免实验中用电流表测试电压而损坏电流表。

3. 严禁带电接线、拆线,若需改线或改做实验内容时,应先断开电源,然后接线。

4. 负载带中线的星形联结或者三角形联结的三相电路中,不允许负载短接。负载由星形联结改为三角形联结时,务必将中线拆去,否则会造成三相短路。负载三角形联结时,切勿把相与相的始端连接,否则会造成相间短路。

六、实验内容及步骤

1. 按图 6.3 接线,三相负载作星形联结,经检查无误后方可进行下列步骤:设电源线电压为 380V,U 相、V 相各为两个 60W 灯泡串联,W 相可为两个串联支路

并联。注意：实际的对称三相负载情况与理想的有差异,三相电源和三相负载都不可能绝对地对称。

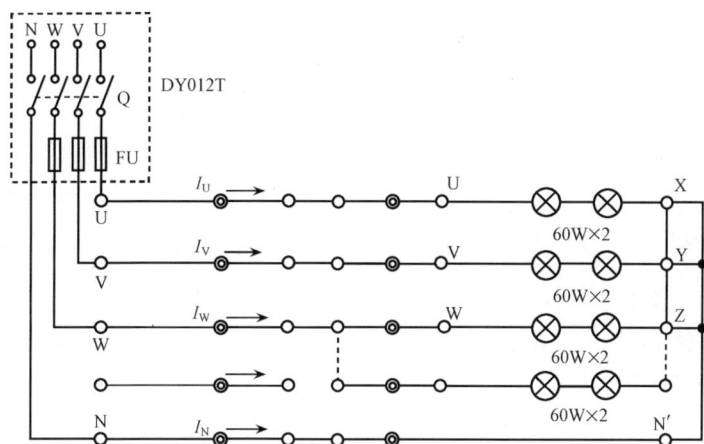

图 6.3　三相负载的星形联结图

（1）按下启动按钮（即按钮闭合）,负载对称时（U 相、V 相、W 相分别接两盏灯）,接中线,测量各相电压、线电压及相电流和中线电流,记入表 6.1 中。注意观察各相灯的亮度有无明显变化,并解释观察到的现象。

（2）断开中线,重复测量上述各电量,记入表 6.1 中并测量电源中点 N 和负载中点 N′ 之间的电压 $U_{NN'}$。

（3）断开电源,调整三相负载为不对称（U 相、V 相分别接两盏灯,W 相接 4 盏灯）,分别在中线闭合和断开的情况下,通电后重复测量上述各量,数据记入表 6.1 中,注意测量中线断开时的 $U_{NN'}$。实验中观察各相灯泡的亮度有无明显变化,并说明中线在电路中的作用。

（4）用三瓦计法测量三相负载的功率（P_U、P_V、P_W）及总功率（$P_U + P_V + P_W$）,将两功率表的数据记入表 6.1。

表 6.1　负载 Y 形联结

数据	项目	U_{UV} /V	U_{VW} /V	U_{WU} /V	U_{UX} /V	U_{VY} /V	U_{WZ} /V	$U_{NN'}$ /V	I_U /A	I_V /A	I_W /A	$I_{NN'}$ /A	$P_U + P_V + P_W$ /W	$P_总$ /W
负载对称	有中线													
	无中线													

续表

数据\项目	U_{UV} /V	U_{VW} /V	U_{WU} /V	U_{UX} /V	U_{VY} /V	U_{WZ} /V	$U_{NN'}$ /V	I_U /A	I_V /A	I_W /A	$I_{NN'}$ /A	P_U+ P_V+P_W /W	$P_总$ /W
负载不对称 有中线													
负载不对称 无中线													

2. 按图 6.4 接线,三相负载作三角形联结,经检查无误后方可进行下列步骤:

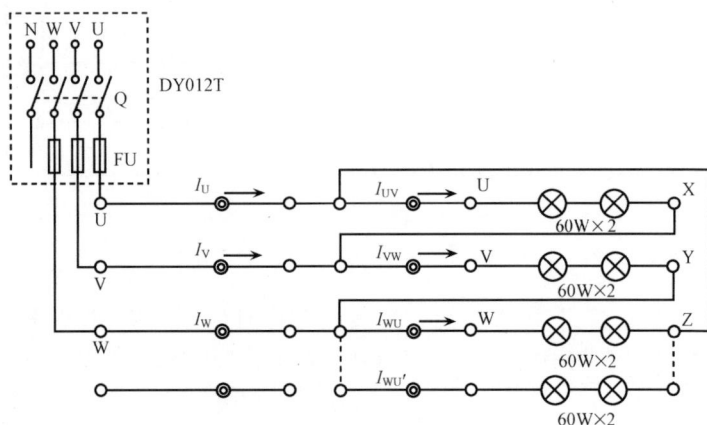

图 6.4 三相负载的三角形联结图

(1) 负载对称时(U 相、V 相、W 相分别接两盏灯),按下启动按钮,测量表 6.2 中各电量并记录数据;同时观察各相灯泡的亮度是否相同,并与星形联结时比较。

(2) 断开电源,调整三相负载使其不对称,即 U 相、V 相分别接两盏灯,W 相接 4 盏灯,通电后重复测量表 6.2 中各电量,并记录数据。注意测量 W 相的相电流为 $I_{WU}+I_{WU'}$。

(3) 用二瓦计法测量对称和不对称情况下三相灯泡负载的总功率,三相电路的总功率等于两个功率表读数的和,即 $P=P_1+P_2$,将两功率表的数据记入表 6.2 中。

表 6.2 负载 △ 形联结

数据\项目	U_{UV} /V	U_{VW} /V	U_{WU} /V	I_{UV} /A	I_{VW} /A	I_{WU} /A	I_U /A	I_V /A	I_W /A	P_1 /W	P_2 /W	$P_总$ /W
负载对称												
负载不对称												

七、实验报告要求及思考题

1. 根据实验数据分析，负载对称的星形及三角形联结时 U_l 与 U_p，I_l 与 I_p 之间的关系。分析星形联结中线的作用。按测量的数据计算三相功率。

2. 为什么不能在负载星形、负载三角形电路中短接负载？若短接，其后果如何？

3. 在星形联结、三角形联结两种情况下的三相对称负载，若有一相电源线断开了，会有什么情况发生？为什么？

实验 7　一阶 RC 电路的暂态过程

一、实验目的

1. 理解一阶 RC 电路零输入响应和零状态响应的基本规律及特点。

2. 掌握时间常数的测定方法。

3. 了解 RC 电路的矩形脉冲响应及 RC 电路的应用。

二、预习要求

1. 拟出实验内容的接线图（包括与函数发生器及示波器的正确联结，注意电子仪器的共地问题，可参看有关内容），定性绘出上述几种电路的输出波形。

2. 选取各实验内容所要求的电路参数，计算相关理论值。

三、实验仪器设备（表 7.1）

表 7.1　实验仪器设备

名　　称	型号及参数说明	数　　量
函数发生器	DF1641A1	一台
双踪示波器	YB4325	一台
实验电路板	一阶二阶电路谐振电路	一块

四、实验原理

1. 一阶 RC 或 RL 电路，在电路参数、初始值和激励都已知时，各种响应的函数可写出来，响应曲线则要通过示波器观察。

对于普通示波器，要观察上述短暂的响应，必须输入连续的周期性信号，才能显示完整的零输入响应和零状态响应曲线。本实验采用连续矩形脉冲 u_i 作为激励。矩形脉冲的前沿相当于阶跃输入，RC 电路的响应是零状态响应；矩形脉冲的后沿相当于具有初始值的电容放电，RC 电路的响应是零输入响应。

2. RC 电路的矩形脉冲响应，将连续的矩形脉冲加在电压初始值为零的 RC

电路上,适度调整脉冲宽度(即调整函数发生器频率),当脉宽 $t_p = (4\sim5)\tau$ 时,这时电路的脉冲信号响应对应于阶跃信号下的零输入响应和零状态响应,见图 7.1。

当 $t = \tau$ 时,对零状态响应 $u_C = 0.632U$,如图 7.1 所示;$t = \tau$ 时,对零输入响应 $u_C = 0.368U$,如图 7.2 所示,因此可以用示波器观察 RC 电路响应曲线,同时测量电路的时间常数 τ。

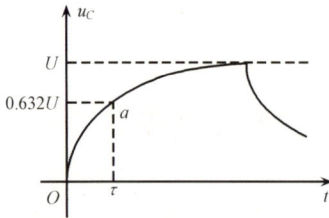

图 7.1　零状态响应曲线

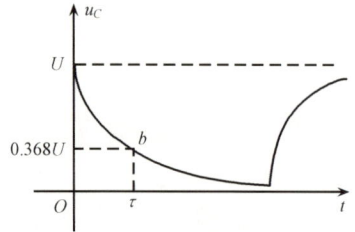

图 7.2　零输入响应曲线

3. RC 电路的应用

(1) RC 积分电路,即

$$u_o(t) \approx \frac{1}{RC}\int u_i \, \mathrm{d}t$$

其输出端电压与输入电压对时间的积分近似地成正比。RC 电路的电容作为输出端,选择电路参数使 $\tau \gg t_p$,输出电压近似地正比于输入电压对时间的积分,即积分电路[图 7.3(b)]。在周期性的矩形脉冲激励下,积分电路将输出一个三角波信号。

(2) RC 微分电路,即 $u_o(t) \approx RC \dfrac{\mathrm{d}u_i}{\mathrm{d}t}$,

其输出端电压与输入电压对时间的导数近似地成正比。RC 电路的电阻作为输出端,选择电路参数使 $\tau \ll t_p$,输出电压为正负交替的尖脉冲,即微分电路[图 7.3(c)]。电子线路中常应用这种电路把矩形脉冲变换为尖脉冲。

(3) RC 耦合电路。RC 电路的电阻作为输出端,当改变电路参数使 $\tau \gg t_p$,称为耦合电路[图 7.3(d)]。

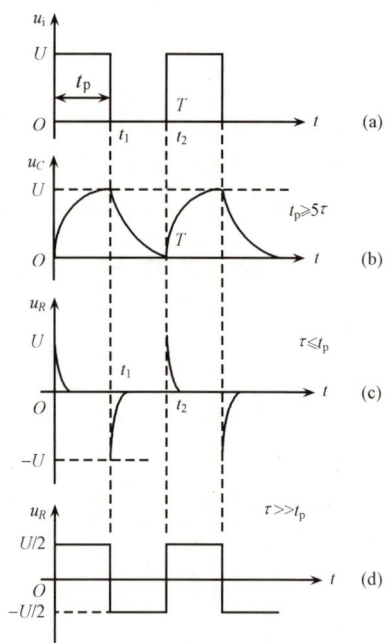

图 7.3　矩形脉冲及不同
时间常数时的响应

电路中电容隔断直流分量,高频分量则可以通过,把输入波形几乎不变形地传输至下一级,这种电路常用于模拟电路中多级放大电路中的级间耦合方式。

五、注意事项

1. 函数发生器、电路板、双踪示波器应共地，以防外界干扰而影响测量的准确性。

2. 开关 S3 动作后要尽快读数，否则电容对电压表头放电将造成电容两端的电压下降。

六、实验内容及步骤

（一）RC 电路零状态响应及 τ 值的观测

1. 按图 7.4 接线，选择 $R = 30\text{k}\Omega$，$C = 100\mu\text{F}$，u_i 取 10V 直流电源，并计算 τ 的理论值。接通 DY031T，接通 DY04 电源开关，置 DG013T 的 S4 于 ON，这时电压表和秒表有显示（即 V-S 窗口）。

2. 首先将开关 S3 扳向"计时"（右），使电容放电，直到电压表显示为 0.0。再置 S3 于"停止"位置，并按下清零按钮使秒表清零。

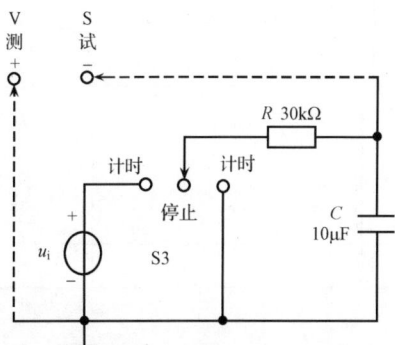

表 7.2

	τ	3τ	5τ
t/s			
u_C/V（理论值）			
u_C/V（测量值）			

图 7.4　RC 电路充放电过程

3. 把开关 S3 扳向"计时"（左），开始计时，当测试 V-S 窗口上读到 τ 的理论值时，立即把开关扳向"停止"，并快速记录此时电压窗口的 u_C 值（记入表 7.1 中）。

4. 重复 2、3 的步骤，分别测试 $t = 3\tau$、5τ 时的 u_C 值，数据记入表 7.2 中。注意每次电容放电时，应使电压窗口显示 0.0 为止。

（二）RC 电路的暂态过程及 τ 值的测量

1. 按图 7.5 接线，输入 u_i 接于示波器通道 1 上，输出 u_o 接于示波器通道 2 上。调节方波脉宽 $t_p = T / 2 = 5\tau = 1.5\text{ms}$，即频率 $f = 333\text{Hz}$，调节电压幅值 U 在示波器上高度大约 5 格（即 5cm），同时观测方波波形 u_i 和电容器充电或放电的 u_o 波形，将波形画于表 7.3 中。

2. 调节示波器，使 u_i 与 u_o 的基线一致，幅度相同，参考图 7.1 的波形。在充

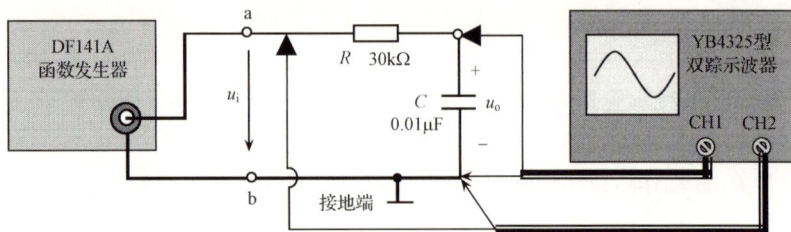

图 7.5　RC 充电电路接线图

电(或放电)波形图上,从纵轴坐标 $u_C = 0.632U$(或 $u_C = 0.368U$)上找出对应的横轴坐标对应点,读出荧光屏上对应 u_C 横轴上的格数 X(cm);并根据示波器扫描速度(即时基标尺 t/cm)选择旋钮所在位置,按公式 $\tau = X$(cm)$\times$ t(ms/cm)计算 τ 值。

表 7.3　RC 电路的暂态过程及 τ 值的测量

波形名称	参　数		波　形　图
输入 u_i 方波	脉宽 t_p/ms		
	幅度 U_m/V		
输出 u_o 的波形	$R = 30\text{k}\Omega$, $C = 0.01\mu\text{F}$		
	τ/ms	理论值	
		测量值	

（三）观测积分电路

按图 7.6 接线,把 R 值换为 100kΩ,调节方波频率 $f \approx 500\text{Hz}$,使得 $\tau = 10\ t_p$,调节示波器电压灵敏度和扫描速度,将观察到的积分波形记录于表 7.4 中。

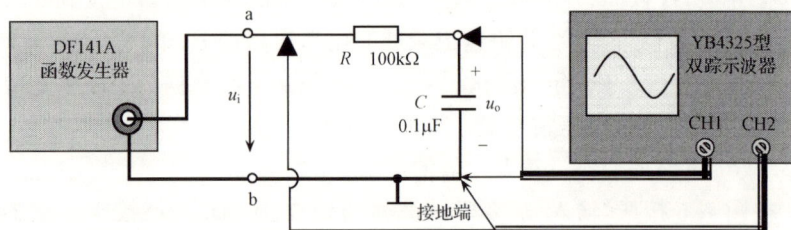

图 7.6　积分电路接线图

（四）观测微分电路

按图 7.7 接好线后,方波频率 $f \approx 500\text{Hz}$,使 $\tau \ll t_p$,选择示波器的电压灵敏度

和扫描速度,将观察到的微分波形记录于在表 7.4 中。

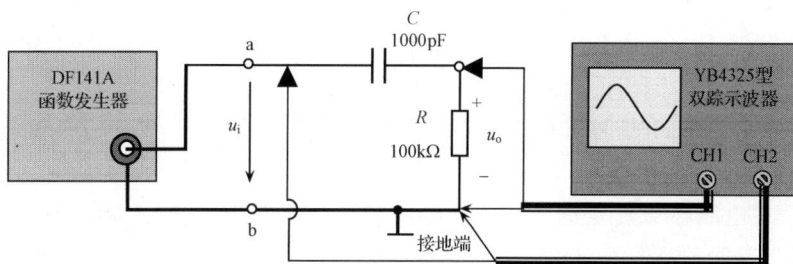

图 7.7　微分电路、耦合电路接线图

（五）观测耦合电路

按图 7.7 接线,保持方波频率 $f = 500$Hz,把 C 值换为 0.1μF,即 $\tau = 10\ t_p$,选择示波器的电压灵敏度和扫描速度,将观察到的耦合波形记录于表 7.4 中。

表 7.4　积分、微分及耦合电路观测

波形名称	参　数			波　形　图
积分电路输出电压 u_C 的波形	R	参考值	100kΩ	
	C		0.1μF	
	τ/s	理论值		
微分电路输出电压 u_R 的波形	R	参考值	100kΩ	
	C		1000pF	
	τ/s	理论值		
RC 耦合电路输出电压 u_R 的波形	R	参考值	100kΩ	
	C		0.1μF	
	τ/s	理论值		

七、实验报告要求及思考题

1. 说明表 7.4 中各输出波形产生的条件。

2. 将实验中测得的时间常数 τ 值与理论值进行比较,分析产生误差的原因。

3. 什么样的电信号可作为 RC 一阶电路零输入响应、零状态响应和全响应的激励信号?

4. 在电路参数已定的 RC 微分电路和积分电路中,当输入频率改变时,输出信号波形是否改变?为什么?

实验 8　三相异步电动机的直接启动与正反转控制

一、实验目的

1. 了解几种常用电器的构造和作用。

2. 学习三相异步电动机直接启动与正、反转控制电路的连接、操作。

二、预习内容

1. 了解三相异步电动机铭牌数据的含义。

2. 复习交流接触器、热继电器、按钮等控制电器的工作原理及用途。

3. 列出三相异步电动机直接启动(图 8.2)和正、反转控制(图 8.3)的动作程序,并说明哪些元件起自锁、互锁作用。

三、实验仪器设备

名　　称	型号及参数说明	数　　量
三相异步电动机	YS5624J	一台
三相电源	线电压 380V,相电压 220V	一组
交流接触器	CJ10-10,380V	2 个
热继电器	JR36-20	1 个
按钮	380V/1A	3 个

四、实验原理

继电接触器控制大量应用于对电动机的启动、停转、正反转、调速、制动等控制,从而使生产机械按既定的要求动作;同时也能对电动机和生产机械进行保护。

1. 电动机铭牌上规定了电动机三相绕组的接法,可据此在端线盒上将定子三相绕组的首末端接成 $\triangle$ 联结或 Y 联结,如图 8.1 所示。本实验电动机为 90W,采用 Y 联结,交流接触器线圈额定电压为 380V,如果要采用 △ 联结,须将线路的线电压先降至220V。

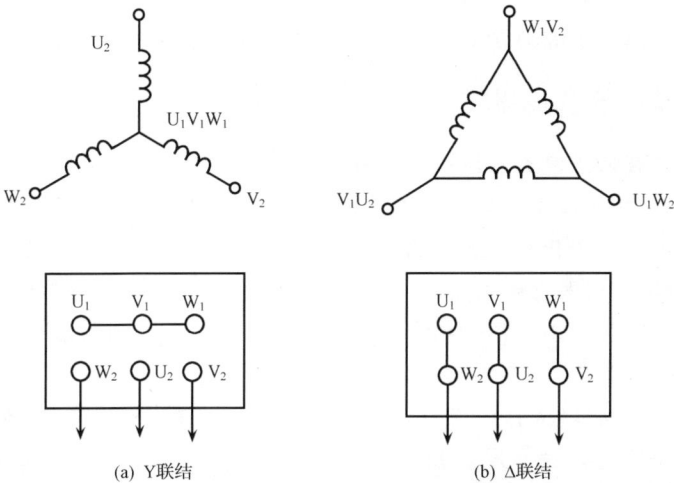

(a) Y联结   (b) △联结

图 8.1   电动机定子绕组的接法

本实验使用的三相鼠笼式异步电动机,其额定值标记在电动机的铭牌:

型号:YS5624J   转速:1400 r/min   接法:Y/△

电压:380V/220V   电流:0.4A   50Hz   功率:90W   绝缘等级:B

2.本实验是按控制电路的原理来接线,因此必须掌握控制电路原理图的绘制原则,读懂原理图,对照实验电路板将电器元件各部分的位置找出,正确接线。接线步骤是先接主电路,后接控制电路。

控制电路原理图中所有电器的触点都处于静态位置,即电器没有任何动作的位置。例如:对于继电器接触器,是指其线圈没有电流时的位置;按钮是指没有受到压力时的位置。

3.常见故障分析。

(1)对于控制线路,接通电源后按启动按钮 SB₁ 或 SB₂,若接触器动作而电动机不转动,说明主电路有故障,断电检查线路。若电动机伴有"嗡嗡"声,则可能有一相断开,检查主电路电源保险丝或主电路连接导线是否接触良好、有无断线等。

(2)接通电源后,按启动按钮,若接触器不动作,主要是控制电路有故障,检查接触器触点是否接触良好,按钮接触是否正常,以及线圈和导线是否断线等。

五、注意事项

1.首先弄清接线板上接触器、继电器的线圈、触点的符号以及端子,再进行接线,以防短路。本实验接线较多,应按先接主电路,后接控制电路的顺序接线。

2.必须遵守"先接线,后合闸"和"先拉闸,后拆线"的安全操作规则。实验中若需改线或拆线时,一定要先断开电闸 Q,再检查线路。

3. 电动机的转速很高,切勿触碰其转动部分,以免发生人身或设备事故。

4. 启动电动机时,应密切注视电机工作是否正常,若发现电机有较大的"嗡嗡"声或转轴不转等异常现象,应马上拉闸,排除故障。

六、实验内容及步骤

1. 电动机和低压电器的认识与检查:

(1) 熟悉三相异步电动机的基本结构形式;观察电动机上的铭牌数据;根据实验室电源电压等级,判断电动机的额定接线方法应是 △ 接法还是 Y 接法。

(2) 根据电器安装面板,分清各控制电器(交流接触器、热继电器、熔断器、启动停止按钮),以及控制电器的线圈、动合触点(常开触点)、动断触头(常闭触点)、发热元件的接线端钮及面板符号。

2. 按图 8.2 接线,先接主电路,后接控制电路;先接串联电路,后接并联电路。接好后,按接线顺序复查一遍。经检查无误后,方可按下电源按钮,进行电动机启停控制操作。

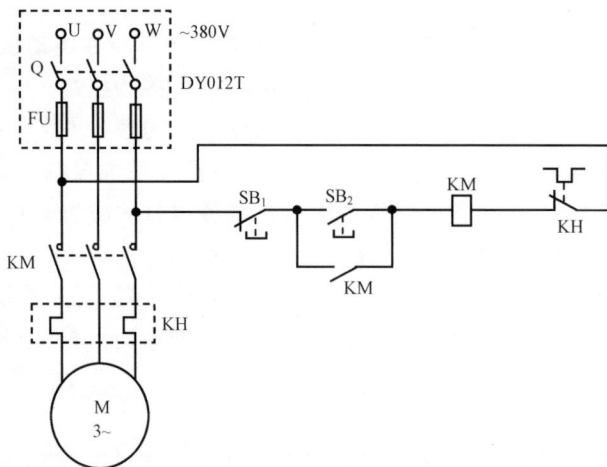

图 8.2　异步电动机直接启动控制线路图

3. 按下 SB$_2$ 启动按钮,电动机运行,观察各电器的工作状态是否正常。如正常,待电机达到稳定转速后,按下 SB$_1$ 停止按钮,停电动机,观察自锁触头的作用。如果发现电动机或接触器声音异常,立即关闭总电源,然后判断故障原因。

表 8.1　带自锁控制

	SB$_2$ 未按下	SB$_2$ 按下	SB$_2$ 松开	SB$_1$ 按下
电机转速/(r/min)				

4. 断开电源,按图 8.3 接线,经检查无误后,按下电源按钮,再分别按下启动按钮 SB₁ 和 SB₂ 进行正、反转控制操作,并观察互锁作用。将交流接触器的运行情况填入表 8.2 中。

(1) 按"正-停-反"顺序启动电机,观察电动机的转向是否正确。

(2) 按"反-停-正"顺序启动电机,观察电动机的转向是否正确。

(3) 按"正-反"顺序直接操作,观察电动机是否正常工作。

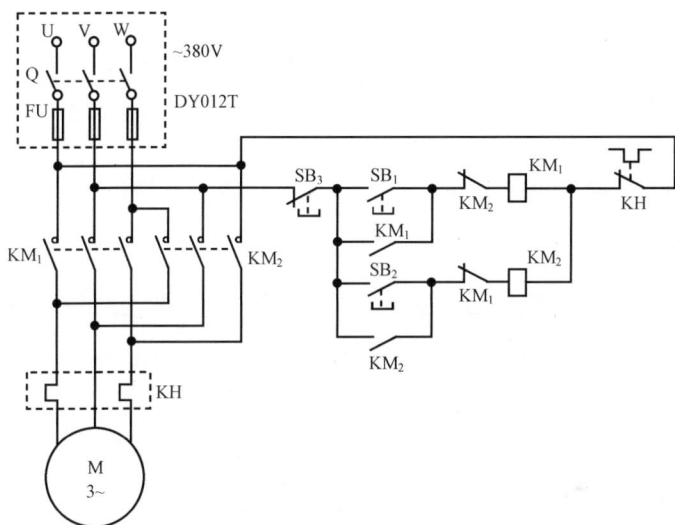

图 8.3 异步电动机正、反转控制线路图

表 8.2 正反转操作实验

	KM₁	KM₂	旋转方向	转速/(r/min)
按 SB₁				
按 SB₃				
按 SB₂				

七、实验报告要求及思考题

1. 写出直接启动正、反转控制的动作程序,说明哪些元件起自锁、互锁作用。

2. 说明直接启动及正反转控制电路中的各种保护作用。

3. 实验中的电动机三相绕组为什么要接成星形的?如果误接成三角形会有什么后果?

4. 若拆除图 8.2 中自锁触头 KM₁,再接通三相电源,电动机将如何运转?

实验 9   单相双绕组变压器

一、实验目的

1. 学会测定变压器的变压比及空载损耗。
2. 学习测试变压器外特性及阻抗变换作用。

二、预习要求

1. 变压器的空载和短路实验有什么特点？实验中电源电压一般加在哪一方较合适？
2. 明确变压器的变比 K，原、副边额定电压、电流的数值等参数。

三、实验仪器设备

名　　称	型号及参数说明	数　量
单相变压器	HOB100-02，额定容量 S_N＝100VA，输入 220V/50Hz，输出 0—36—110V/0.91A	一台
单相调压器	0～250V 可调正弦交流电源	一台
智能功率表	测量交流电压、电流及功率	一块

四、实验原理

1. 变压器是一种常见的电气设备。变压器的种类很多，但是它们的基本构造和工作原理是相同的。在电子线路中，除电源变压器外，变压器还用来耦合电路，传递信号，并实现阻抗匹配。此外，尚有自耦变压器、互感器及各种专用变压器(用于焊接、电炉及整流等)。变压器在交流电路中有电压变换、电流变换和阻抗变换的作用。

空载时，原、副绕组的电压之比为变比 $K＝U_1/U_2$。在带载运行时，原副绕组的电流之比为 $1/K＝I_1/I_2$。由此，较容易测出变压器的变比 K 和外特性 $U_2＝f(I_2)$。再测出输入功率、输出功率，就可得到变压器效率 η，并定性地认识变压器的铜损、铁损。

通常希望副边电压 U_2 的变化越小越好。从空载到额定负载，副绕组电压的变化程度用电压变化率 ΔU 表示，即 $\Delta U＝\dfrac{U_{20}－U_2}{U_{20}}\times 100\%$。在一般变压器中，由于其电阻和漏磁感抗均甚小，电压变化率是不大的，约为 5%。

2. 变压器同名端的测试。

(1) 直流法。电路如图 9.1(a)，将电流源 A 输出调至 20mA 左右，当开关 S

闭合瞬间,若毫安表的指针正偏,则可断定"1""3"为同名端;指针反偏,则"1""4"为同名端。

（2）交流法。如图 9.1（b）所示,原绕组为 A、B,副绕组为 A_1、B_1。将 B 与 B_1 相连,在原绕组上加上电压后,分别测量 U_{AB}、$U_{A_1B_1}$、U_{AA_1},若 $U_{AA_1} = \mid U_{AB} - U_{A_1B_1} \mid$,则 A、$A_1$ 互为同名端;若 $U_{AA_1} = \mid U_{AB} + U_{A_1B_1} \mid$,则 A、$A_1$ 互为异名端。

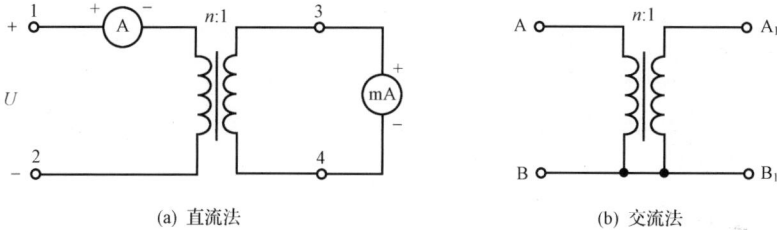

(a) 直流法　　　　　　　　　　　　　　　(b) 交流法

图 9.1

五、注意事项

1. 每次换路,先断电源,调压器调至零。

2. 变压器空载实验及负载实验原边为低压边（110V）,副边为高压边（220V）;变压器短路实验原边为高压边（220V）,副边为低压边（110V）。

3. 变压器原、副边额定电流的数值是指变压器能长时间运行时允许的最大电流。本实验使用的变压器的低压侧额定电流为 0.91A,高压侧为 0.45A。注意短路实验操作时,实际电流不要超过其额定值。

六、实验内容及步骤

（一）变压器同名端测试（交流法）

按图 9.2 接线:

1. 将 B 与 B_2 相连,通电后测量 U_{AB}、$U_{A_1B_2}$、U_{AA_1},将数据记入表 9.1 中,并判别 A、A_1 的极性关系。

2. 接线不变,再测量 U_{AB}、$U_{B_1B_2}$、U_{AB_1},数据记入表 9.1 中,并判别 A、B_1 的极性关系。

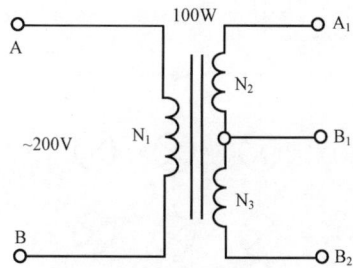

图 9.2　变压器同名端测试

表 9.1　变压器同名端测试数据

测量值			计算	测量值			计算
U_{AB}/V	$U_{A_1B_2}$/V	U_{AA_1}/V	U_{AA_1}/V	U_{AB}/V	$U_{B_1B_2}$/V	U_{AB_1}/V	U_{AB_1}/V
结论:				结论:			

（二）测定变比及空载损耗

按图 9.3 接线，先找到变压器的高压边与低压边，高压边开路，低压边的 U_{10} 端接调压器。先将调压器调至 100V，然后逐次降低电源电压，用智能功率表测出空载输出电压 U_{20}、空载电流 I_{10} 及空载损耗 P_{10}，数据记入表 9.2，并计算变压器变比 K。

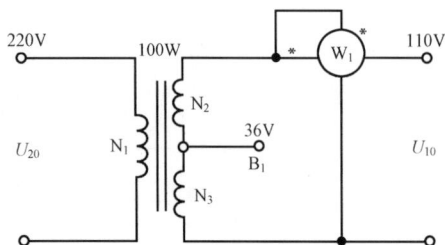

图 9.3　变压器空载实验

表 9.2　空载实验

U_{10}/V	100	90	70	50	30	0
I_{10}/A						
P_{10}/W						
U_{20}/V						
K						

（三）测定变压器负载特性

保持变压器输入电压 $U_1 = 100V$ 不变，按图 9.4 接入负载灯泡（纯电阻负载），测量变压器原、副边电流 I_1、I_2，副边电压 U_2 及输入功率 P_1；增加灯组的数量，必须保证原边电流 I_1 小于额定值 0.91A，数据记入表 9.3 中，计算变压器效率 η。结合表 9.2 的数据，计算电压变化率 ΔU。

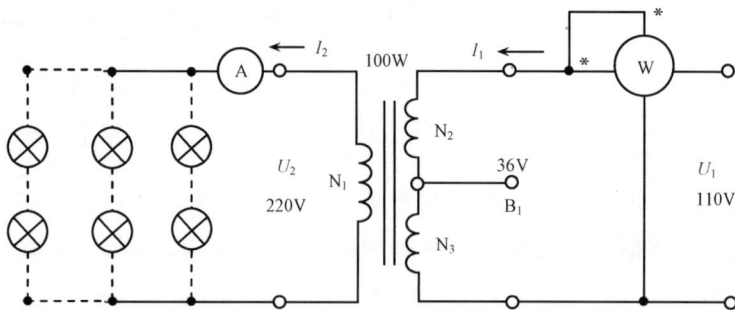

图 9.4　变压器负载实验

表 9.3　带负载实验

灯组数	U_1/V	U_2/V	I_1/A	I_2/A	P_1/W	P_2/W
1组(2个灯)						
2组(4个灯)						

（四）短路实验

按图 9.5 接线，变压器高压边接调压器（务必先使调压器输出为零），低压边用导线短接。接通电源,调压器电压由零缓缓上升,使原边电流达到额定电流(0.45A)。记下原边电流、电压、功率等数据,计算原边的等效阻抗 Z,数据记入表 9.4。

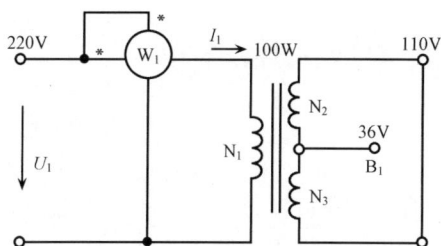

图 9.5　变压器短路实验

表 9.4　短路实验

测　　量		计　　算	
I_1/A	U_1/V	P_1/W	$|Z|/\Omega$

七、实验报告要求及思考题

1. 计算变比 K、效率 η 及电压变化率 ΔU。

2. 写出短路实验计算原边等效阻抗 $|Z|$ 的公式并计算。

3. 通过测试的数据,能否计算变压器的功率损耗?

4. 若负载实验中负载为感性负载(例如 $\cos\varphi_2 = 0.8$),能否进行变压器负载特性测试?

第二部分　电子技术实验

实验 10　单管低频放大电路

一、实验目的

1. 学会单管低频放大电路静态工作点的调试及测试方法。
2. 学习放大电路电压放大倍数、输入电阻、输出电阻的测试方法。
3. 观察静态工作点以及负载电阻对电压放大倍数及波形的影响。

二、预习要求

1. 熟悉单管放大电路，了解饱和失真、截止失真的形成及消除失真方法。
2. 熟悉分压式偏置放大电路。图 10.3 中，设晶体管（9011）的静态发射极电流 $I_E=1mA$，$\beta=75$。
   (1) 估算静态的 V_B、U_{CE} 和动态电阻 r_{be}。
   (2) 求有载（R_L 接入）和空载（R_L 断开）两种情况下的电压放大倍数 A_u。
   (3) 估算放大电路的输入和输出电阻。

三、实验仪器设备

名　称	型号及参数说明	数　量
交流毫伏表/函数发生器	DF1930A／DF1641A1	各一台
双踪示波器	YB4325	一台
直流电压表	量程 0/2/200V	一块
实验电路及直流稳压电源	晶体管放大电路，＋12V	一块

四、实验原理

（一）设置合适的静态工作点

为了让放大电路不失真地放大信号，静态工作点 $Q(I_B、I_C、U_{CE})$ 一般应选择在交流负载线的中点附近（$U_{CE}\approx1/2U_{CC}$）。本实验采用分压式偏置放大电路。由于电路中存在直流反馈，它能够稳定静态工作点。实验通过调整偏置电阻，改变基极电位来改变静态工作点。静态值可用直流电流表和电压表测量。在具体测试过程中还需注意：

1. 一般尽可能测电压而不测电流。因为测电流必须把电流表串入测试线路，十分不便；测电压只要把电压表并联到被测两点之间，无需对被测电路进行任何改动。

2. 只要测出 I_C、U_{CE}、U_{BE}，就可以判别晶体管的工作点是否符合要求，不需要测出 I_B。因为 I_B 的值约为几十微安，并且万用表或电流表没有此量程。

3. 测量静态工作点应该在没有输入信号的情况下进行。没有输入信号不仅指在输入端不接信号源，为防止外界干扰信号混入放大电路和电路本身产生的自激振荡，应将输入端对地短接。

（二）电压放大倍数

设置了合适的静态工作点后，放大电路就有了一定的电压放大倍数；交流电压放大倍数 A_u 一方面反映了输出电压与输入电压的大小关系，另一方面也反映了它们的相位关系。

电压放大倍数的测量，实际上是交流电压的测量。用交流毫伏表直接测量读数，它适用于正弦电压。此时 $|A_u| = \dfrac{U_o}{U_i}$，其中 U_i、U_o 分别为输入、输出信号电压的有效值，不含相位关系。测量时，输入信号幅值不可太大，以保证输出波形不会失真；输入信号也不能太小，否则极易受外界信号干扰。

输出电压与输入电压的相位关系，可用双踪示波器同时接入这两个信号来观察。为观察波形的失真情况，通过调节偏置电阻 R_{b2}（改变 I_B），减小或增大其阻值，使输出电压波形产生饱和失真或截止失真的现象。

实验电路中的旁路电容 C_E 使 1kΩ 的发射极电阻交流短路，使电路的交流电压放大倍数不致于下降很多。保留了 100Ω 的发射极电阻，目的是使电路有少量交流负反馈，提高交流电压放大倍数的稳定性。

（三）放大电路的输入、输出电阻

1. 输入电阻 r_i 指从放大电路输入端看进去的交流等效电阻，它由晶体管输入阻抗和偏置电阻等因素决定。当输入信号电压加到输入端时，放大电路相当于信号源的一个负载电阻。

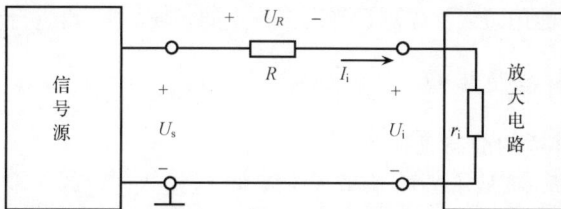

图 10.1　输入电阻的测量

只要测出放大电路输入端的电压 U_i 和流过输入端的电流 I_i，便可求得 $r_i = U_i/I_i$。但 I_i 比较小（微安级），一般采用"串联电阻法"。即在被测放大电路与信号源之间串入一个已知的标准电阻 R，信号源输出电压 U_s，由放大电路得到输入电

压 U_i。再计算

$$r_i = \frac{U_i}{I_i} = \frac{U_i}{U_s - U_i}R$$

2. 输出电阻 r_o 指从放大电路的输出端看进去的交流等效电阻,放大电路对负载电阻来说是一个信号源,而输出电阻就是信号源的内阻。实验法测量输出电阻的方法见图 10.2。实验中在放大电路的输出端接负载电阻 R_L,测量输出电压有效值 U_L;无负载电阻开路时,测量输出开路电压有效值 U_{OC},而 $U_{OC} = A_u u_i$。用

$$r_o = \frac{U_{OC}}{I_o} = \frac{U_{OC} - U_L}{U_L}R_L$$

可以求出输出电阻 r_o。

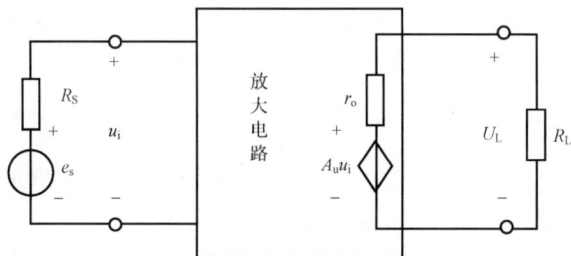

图 10.2　输出电阻的测量

五、注意事项

1. 函数发生器、交流毫伏表、示波器需要预热,开启后不要关闭,直到实验结束,否则容易损坏示波器。

2. 函数发生器的两个输出端子切记不能短路,否则会将信号源烧坏。如果要改变输入交流信号,注意其有效值不能过大,以免烧坏晶体管。

3. 为了使信号不易受到干扰,交流毫伏表、示波器及放大电路的共地端必须连接在一起。

4. 接线尽可能用短线。先测量静态工作点的各项数据,再进行动态性能的测量。

六、实验内容及步骤

(一) 调试合适的静态工作点

如图 10.3 所示,从 DY04 上取 +12V 电压接入 U_{CC} 端。将输入端对地短路(输入先不接信号源),调节电位器 R_{b2},使 $U_{CE} \approx 6V$。

调节函数发生器的输出正弦交流信号,将该信号衰减 40dB,使 $f = 1\text{kHz}$,$U_i = 10\text{mV}$,将该信号加到放大电路的输入端。用示波器观察输出波形,若输出波形出现失真,轻微调节 R_{b2} 使示波器上出现不失真波形,之后保持 R_{b2} 不变。

去掉输入的交流信号,测量 V_C、V_E、V_B 及 V_{b1} 的数值,记入表 10.1 中,并按下

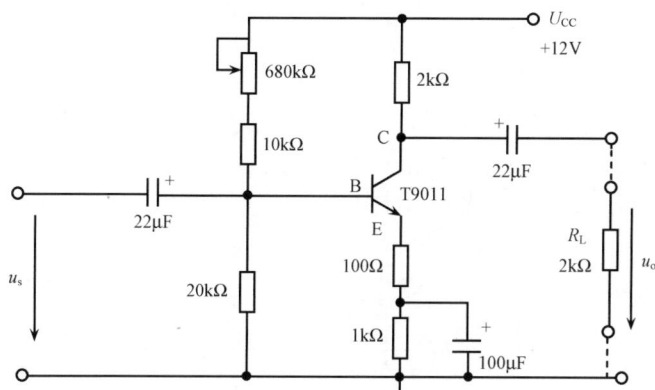

图 10.3 分压式偏置放大电路

式计算 I_B 和 I_C：

$$I_B = \frac{V_{b1} - V_B}{10k\Omega} - \frac{V_B}{20k\Omega}, \qquad I_C = \frac{U_{CC} - V_C}{2k\Omega}$$

表 10.1 静态工作点测试

测 量 值				计 算 值		
V_B/V	V_C/V	V_E/V	V_{b1}/V	I_C/mA	$I_B/\mu A$	U_{CE}/V

（二）测量放大电路的动态性能

以下所有动态性能指标的测量,须保证输出信号不出现失真,否则所测量的数据无意义。

1. 放大电路输入端接入已调好的正弦交流信号（$f = 1kHz, U_i = 100mV$）,考虑到示波器接入对输入信号有影响,这时示波器仅留监测输出波形的一个通道。用交流毫伏表测量输出端的电压 U_o,数据记入表 10.2 中。

2. 输入信号保持不变,将放大电路输出端接 $R_L = 5.1k\Omega$ 的负载;再次测量输出电压 U_{oL},数据记入表 10.2 中。

表 10.2 电压放大倍数的测量

负载电阻 R_L	输入 U_i/mV	输出 U_o 或 U_{oL}/V	放大倍数 $|A_u|$
∞（空载）			
5.1kΩ			

3. 如图 10.4 所示,在输入回路中接入电阻 $R_1 = 2k\Omega$,适当加大信号电压 U_s（200mV 左右）,测量此时的输入电压 U_s 及 U_i,记入表 10.3 中,并计算输入电阻 r_i。

4. 输入信号保持不变,在放大电路的输出端接入 2kΩ 负载电阻,测量放大电路输出电压 U_L;再将负载电阻断开,测量放大电路输出电压 U_o,数据记入表 10.3

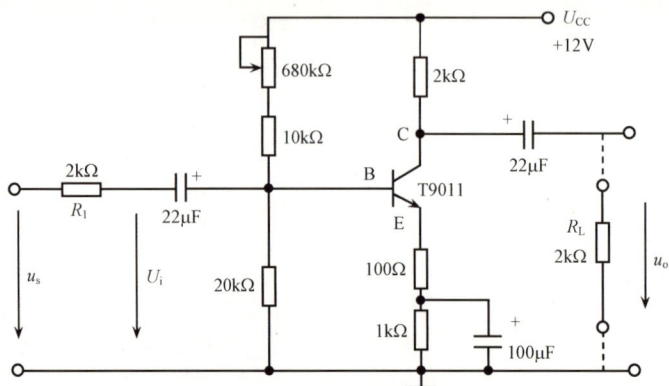

图 10.4　测量输入输出电阻的放大电路

中,并计算输出电阻 r_o。

表 10.3　输入输出电阻的测量

U_s	U_i	$r_i = \dfrac{U_i}{U_s - U_i} R_s$		U_L	U_o	$r_o = \dfrac{U_o - U_L}{U_L} R_L$	
		理论值	测量值			理论值	测量值

（三）观察静态工作点对波形的影响

1. 按图 10.3 接线,输入信号不变,用示波器观察正常工作时输出电压 u_o 的波形并描画下来(图 10.5)。

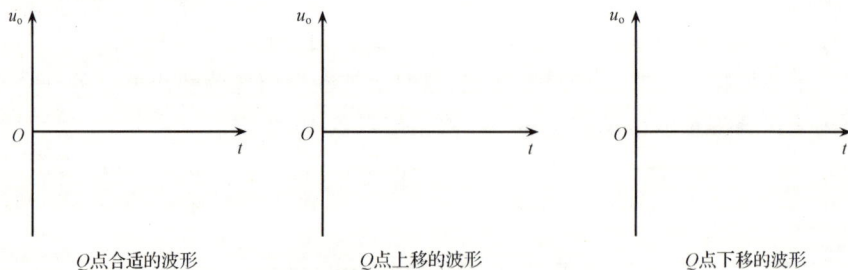

Q点合适的波形　　　　　Q点上移的波形　　　　　Q点下移的波形

图 10.5　静态工作点对放大电路输出波形的影响

2. 逐渐减小或增大 R_{b2} 的阻值,观察输出电压的变化,在输出电压波形出现明显失真时,记录失真的波形,并说明分别是哪种失真(晶体管的截止并非突变过程,因此截止失真并不像饱和失真那样有明显分界可供判断。如果 R_{b2} 为零后仍不出现失真,可以加大输入信号 u_i,直到出现明显失真波形)。

3. 调节 R_{b2} 使输出电压波形不失真且幅值为最大(这时的电压放大倍数最大),测量 U_o,去掉输入交流信号,测量此时的静态工作点,记入表 10.4。将数据与表 10.1 比较。

表 10.4

V_{b1}/V	V_C/V	V_B/V	U_o/V

七、实验报告要求及思考题

1. 整理实验数据,分析 R_L 对电压放大倍数的影响。

2. 根据 u_o 在各种条件下的波形,解释静态工作点对波形失真的影响。

3. 测量放大电路输出电阻 r_o 时,若电路中负载电阻 R_L 改变,输出电阻 r_o 会改变吗?除了实验介绍的方法,是否还有其他方法测量输入电阻和输出电阻?

4. 通过示波器对输入信号电压和输出信号电压进行比较,能否测量电压放大倍数?若能,应如何测量?

实验 11　多级放大电路与负反馈放大电路

一、实验目的

1. 加深理解负反馈放大电路的工作原理,研究负反馈对放大电路性能的影响。
2. 学习多级放大电路静态工作点的调整及动态性能指标的测试。
3. 学习放大电路频率特性的测量方法。

二、预习要求

1. 复习单管低频放大电路静态与动态的调试及测试方法。

2. 复习两级阻容耦合放大电路、负反馈放大电路的工作原理。预习实验内容的两级放大电路静态工作点的调整方法。

3. 估算图 11.1 所示电路无负反馈时的静态工作点及动态性能指标,设 $\beta_1 = \beta_2 = 70$, $R_{P1} = 470\text{k}\Omega$, $R_{P2} = 100\text{k}\Omega$, $R_L = 5.1\text{k}\Omega$。

4. 了解放大电路频率特性;了解不同反馈方式对放大电路放大倍数、频响特性、输入电阻、输出电阻的影响。

三、实验仪器设备

名　称	型号及参数说明	数　量
双踪示波器	YB4325	一台
函数发生器/交流毫伏表	DF1641A1/ DF1930A	各一台
直流电压表	量程 0/2/200V	一块
实验电路及直流稳压电源	晶体管放大电路,+12V	一块

四、实验原理

1. 多级阻容耦合放大电路由于级间耦合电容具有隔直的作用,其前后级的静态工作点互相独立,因此可以单独调试。

2. 多级放大电路的电压放大倍数等于每级放大电路电压放大倍数的乘积,但要考虑后级的输入电阻(作为前级的负载)对前级的影响,因此总的电压放大倍数比两级独立工作时的电压放大倍数的乘积要小。多级放大电路的输入电阻就是第一级的输入电阻,输出电阻即为最后一级的输出电阻。

3. 由于电路中存在各种电容,其容抗随信号源频率的变化而不同,而容抗的大小将影响放大电路的电压、电流的大小,从而影响放大倍数。放大电路的放大倍数与频率的关系称为幅频特性。输入信号大小不变,而增大或减小信号频率时,当输出电压下降到中频输出电压的 0.707 倍时,对应两个频率点 f_H、f_L 称为上限频率和下限频率,而 $\Delta f = f_H - f_L$ 称为放大电路的通频带。

4. 放大电路中引入的负反馈有四种类型:串联电流负反馈、串联电压负反馈、并联电流负反馈和并联电压负反馈。本实验以电压串联负反馈(且为级间反馈)为例,采用比较的方法,把放大电路的性能测试在有反馈和无反馈两种情况下进行,说明负反馈对放大电路性能的改善(表 11.1)。

表 11.1 负反馈对放大电路性能的影响

反馈类型 项目	电压串联	电流并联	电压并联	电流串联
输出电阻	减小	增大	减小	增大
输入电阻	增大	减小	减小	增大
非线性失真或噪声	减小	减小	减小	减小
通频带	增宽	增宽	增宽	增宽
用途	电压放大器及放大器输入级或中间级	电流放大器	电流电压变换器及放大器中间级	电压电流变换器

5. 负反馈是改善放大电路交流性能指标的重要手段之一,在放大电路中引入负反馈能提高放大电路的稳定性,减少非线性失真,扩大动态范围,改善频率响应等。采用适当的反馈形式,还可提高放大电路的输入阻抗,减少放大电路的输出阻抗。但所有性能指标的改善,都是以牺牲放大电路的电压放大倍数为代价的。

五、注意事项

1. 参考实验 10 的注意事项。

2. 晶体管 T_1、T_2 为 9011,放大电路的动态性能测量必须先确定静态工作点,即静态工作点的测量完毕后,不可拆除直流电源,不改变静态工作点,之后进行动态性能的测量。

3. 实验中如发现寄生振荡,可采用以下消除措施:

(1) 重新布线,尽可能走短线。

(2) 避免将输出信号的地引回到放大电路的输入级。

(3) 分别使用测量仪器,避免互相干扰。

六、实验内容及步骤

1. 调试与测量静态工作点。电路如图 11.1 所示,经检查无误后接通电源,调节 R_{P1} 使 $U_{CE1} = 6V$,调节 R_{P2} 使 $U_{CE2} = 6V$,从而放大电路在适合的静态工作点附近。测量值记入表 11.2 中。

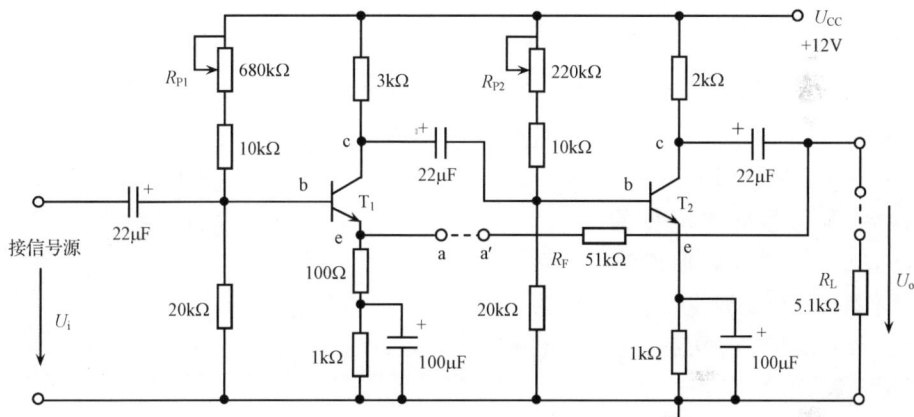

图 11.1 负反馈放大电路

从函数发生器输出 10kHz、1V 左右的正弦波,再经 40dB 衰减输入信号,接入放大电路输入端。用示波器分别观察输入输出波形,若波形有失真,则微调 R_{P1}、R_{P2},直至放大电路输出波形都不失真为止。断开输入信号,测量各级静态工作点,记入表 11.2 中。

表 11.2 静态工作点测量

待测参数	V_{C1}	V_{B1}	V_{E1}	V_{C2}	V_{B2}	V_{E2}	U_{CE1}	U_{CE2}
测量值								

2. 测量放大电路的动态性能。将调整好的输入信号再接入放大电路的输入端,微调函数发生器的输出电压,使 $U_i \approx 20mV$,频率保持 10kHz,用示波器观察输出波形,在波形不失真和无自激振荡的情况下,测量以下情况的电压放大倍数,并记入表 11.3 中。

(1) 无反馈支路,使放大电路级间无反馈,空载 $R_L = \infty$,测量 U_o,并计算 A_u。

(2) 无反馈支路,接入负载 $R_L = 5.1k\Omega$ 后测量 U_{oL},计算电压放大倍数 A_{uL} 及 $\Delta A = A_u - A_{uL}$。

表 11.3　负反馈放大电路

测量值 工作方式	R_L	U_i	U_o 或 U_{oL}	A_u	$\Delta A = A_u - A_{uL}$	r_o
无反馈放大电路	∞（空载）	20mV				
	5.1kΩ					
有反馈放大电路	∞（空载）	20mV				
	5.1kΩ					

（3）连接 a、a′ 点，将反馈支路 R_F 接入，电路引入了电压串联负反馈。分别测量空载、带负载（$R_L = 5.1$kΩ）时各自的电压 U_o、U_{oL}，计算电压放大倍数的变化量 ΔA。上述数据测量完毕，按公式 $r_o = \left(\dfrac{U_o}{U_{oL}} - 1 \right) \times R_L$ 计算输出电阻。

3. 测量通频带。断开反馈支路，接入负载电阻 $R_L = 5.1$kΩ，在 $f = 10$kHz 的信号下，调整输入信号，使其输出电压为合适值（如 $U_o = 1$V，这时必须保证输出波形不失真），保持输入信号电压值不变，改变信号源频率，分别测出其输出电压下降为中频段信号输出电压的 0.707 倍（如 $U_o = 0.707$V）时所对应的两个频率点，即高频为 f_H、低频为 f_L。带上反馈，重复上述操作，数据记入表 11.4。

表 11.4　通频带测量

放大电路类型	R_L	f_H	f_L	$\Delta f = f_H - f_L$
无反馈	5.1kΩ			
有反馈	5.1kΩ			

4. 观察负反馈对非线性失真的改善。断开反馈支路，用示波器观察输出波形 u_o，适当加大输入信号或改变静态工作点，直到波形略有失真（临界失真），记录波形；再将反馈支路接入，观察输出波形，与无反馈时进行比较，将波形记入表 11.5 中。

表 11.5　负反馈对非线性失真的改善

放大电路类型	改善波形失真情况
无反馈	
有反馈	

七、实验报告要求及思考题

1. 整理实验数据,分析实验结论,总结多级放大电路放大倍数的计算关系;总结负反馈对放大电路性能的影响。
2. 如果加到放大电路输入端的信号已经失真,引入负反馈能否改善这种失真?
3. 对静态工作点设置与动态性能的测试有何关系?

实验 12 差动放大电路

一、实验目的

1. 了解差动放大电路的特点和性能,学习差动放大电路的基本测试方法。
2. 了解差动放大电路在不同的输入输出方式下的工作情况。

二、预习要求

1. 复习差动放大电路的工作原理及性能分析。
2. 复习差动放大电路在不同的输入输出方式下的工作情况。

三、实验仪器设备

名　　称	型号及参数说明	数　　量
直流电压源	+12V、−12V	一台
双路直流可调直流电压源	0~10/20/50V	一台
双踪示波器	YB4325	一台
函数发生器/交流毫伏表	DF1641A1/ DF1930A	各一台
直流电压表	量程 0/2/200V	一块
实验电路	差动放大电路	一块

四、实验原理

差动放大电路在直流放大电路中应用广泛,是集成运放电路的输入级。本实验运用的具有共射极电阻的差动放大电路和带恒流源的差动放大电路,它们对抑制零点漂移效果较好。差动放大电路两个输入端信号大小相等,极性相反时称为差模输入;两个信号大小相等,极性相同时称为共模输入;差模输入放大倍数与共模输入放大倍数的比值称为共模抑制比。按输入输出方式的不同组合,差动放大电路共有四种类型电路,其主要性能参数如表 12.1 所示。

表 12.1 典型差动放大电路主要性能参数

输入方式	双端输入		单端输入	
输出方式	双端输出	单端输出	双端输出	单端输出
差模放大倍数 A_d	$A_d = -\dfrac{\beta R'_L}{R_B + r_{be}}$	$A_d = -\dfrac{\beta R_C}{2(R_B + r_{be})}$	$A_d = -\dfrac{\beta R'_L}{R_B + r_{be}}$	$A_d = -\dfrac{\beta R_C}{2(R_B + r_{be})}$
共模放大倍数 A_c	$A_c \to 0$	$A_c \approx -\dfrac{R_{C1}}{2R_E}$	$A_c \to 0$	很小
共模抑制比 K_{CMRR}	很高	高	很高	高
差模输入电阻	$r_i = 2(R_B + r_{be})$		$r_i = 2(R_B + r_{be})$	
输出电阻	$r_o \approx 2R_C$	$r_o \approx R_C$	$r_o \approx 2R_C$	$r_o \approx R_C$

五、注意事项

1. 图 12.1 中晶体管 T_1、T_2 为 9013。测量静态工作点和动态指标之前,一定要先通过电位器 R_W 调零。

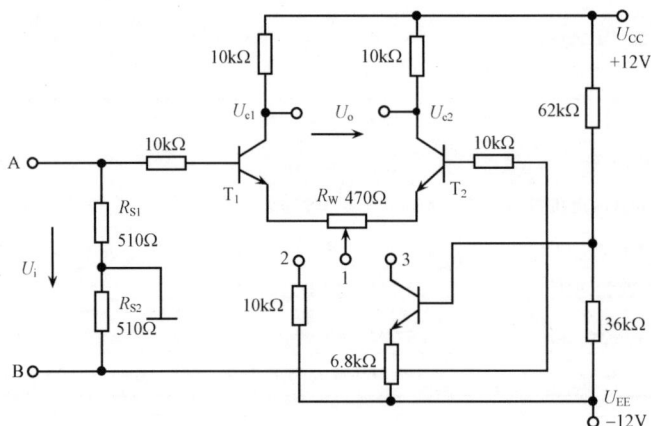

图 12.1 差动放大电路实验电路

2. 为了减小测量误差,所有直流电压以直流电压表(DG054-1T)的读数为准,而不采用直流稳压源(DY031T)表头的读数。

3. 交流信号输入的电路参数测试,信号源和毫伏表均为"浮地"方式。

六、实验内容及步骤

(一)调零并测量静态工作点

图 12.1 中,A 和 B 点直接接地($u_i = 0$),1 和 2 点相连接,调整 R_W 使 $V_{C1} =$

V_{C2},双端输出电压为零,调零完毕。按表 12.2 所要求的各点对地电位,测量各晶体管的静态工作点,数据记入表 12.2 中。

表 12.2　静态测试

测　量　值/V						计　算　值/mA					
T_1 管			T_2 管			T_1 管			T_2 管		
V_{C1}	V_{B1}	V_{E1}	V_{C2}	V_{B2}	V_{E2}	I_{B1}	I_{C1}	β_1	I_{B2}	I_{C2}	β_2

注意:先测量 U_{CC} 电位值,再根据下面的式子计算 I_B 和 I_C。

$$I_B = \frac{0 - V_B}{R_B}, \quad I_C = \frac{U_{CC} - V_C}{R_C}$$

(二)输入直流信号时电路参数的测试

1. 双端输入。

(1)差模输入时,调节双路直流可调电压源(DY031T)输出,使 $U_{id} = \pm 0.1V$;在 A、B 间接入差模信号,可按图 12.2 接线。

$$A_d = \frac{U_o}{U_{id}} = \frac{U_{C1} - U_{C2}}{U_{id}}$$

$$A_{d1} = \frac{U_{C1}}{U_{id}}$$

$$A_{d2} = \frac{U_{C2}}{U_{id}}$$

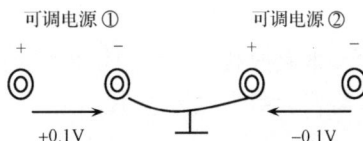

图 12.2　差模信号的连接

注意放大倍数与理论值计算的差别。

(2)共模输入时,将输入端 A、B 短接,在 A 与地之间接入共模信号 $U_{ic} = 0.1V$,分别测量 $U_{c1}(U_{oc1})$、$U_{c2}(U_{oc2})$ 及 $U_o(U_{oc})$。数据记入表 12.3 中,并按下面的公式计算共模电压放大倍数:

表 12.3　直流放大性能测试

输出方式 待测量 输入方式 输入信号		双端输出				单端输出				共模抑制比 K_{CMRR}	
		测量值		计算值		计算值					
		U_{c1} /V	U_{c2} /V	U_o /V	A_d 或 A_c	U_{c1} /V	U_{c2} /V	A_{d1}	A_{d2}	双端 输出	单端 输出
双端 输入	差模 $U_{id}=0.1V$										
	共模 $U_{ic}=0.1V$										
单端 输入	差模 $U_{id}=0.1V$										

$$A_{c1} = \frac{U_{oc1}}{U_{ic}}, \qquad A_{c2} = \frac{U_{oc2}}{U_{ic}}$$

$$A_c = \frac{U_{oc1} - U_{oc2}}{U_{ic}} = \frac{U_{oc}}{U_{ic}}$$

2. 单端输入。将 B 对地短接,构成单端输入差动放大电路,这时需重新调零。再将 A 接入直流信号源($U_{id} = 0.1$V),重复"1. 双端输入"中差模信号输入的实验内容,数据记入表 12.3 中。

(三)输入交流信号时电路参数的测试

1. 差模电压放大倍数。先将信号源输出调节为 $f = 1$kHz,幅度约为 30mV 的正弦信号。从差动放大电路的 A、B 端之间双端输入(注意:可在信号源与 A 端之间接 22μF 电容),此时信号源为浮地状态。用毫伏表测量输入信号 U_i 及输出 U_{c1}、U_{c2} 值(毫伏表也为浮地状态),计算差模电压放大倍数 A_{ud}。

2. 共模电压放大倍数。将 A 端与 B 端短接,在 A 端与地之间仍然输入 $f = 1$kHz,幅度约为 30mV 的正弦信号,构成共模输入;然后用毫伏表测量 U_{c1}、U_{c2},计算 A_{uc},并计算共模抑制比 K_{CMRR}。

(四)带恒流源的差动放大电路

电路改接成带恒流源的差动放大电路,2 点与 3 点连接,重复上述实验内容,并将实验数据填入表 12.4 中。

表 12.4　交流放大性能测试

电路形式 测量值	典型差动放大电路		恒流源差动放大电路	
	单端输入	共模输入	单端输入	共模输入
U_i	30mV	300mV	30mV	300mV
U_{c1}/mV				
U_{c2}/mV				
U_o/mV				
$A_{d1} = U_{c1}/U_i$				
$A_{d2} = U_{c2}/U_i$				
$A_{ud} = U_o/U_i$				
$A_c = U_{c1}/U_i$				
$A_{uc} = U_o/U_i$				
$K_{CMRR} = A_{vd}/A_c$				

七、实验报告要求及思考题

1. 说明典型差动放大电路与具有恒流源两种放大电路性能的差异及其原因。

2. 总结差动放大电路不同输入输出方式的性能指标和特点。

3. 为什么要对差动放大电路进行调零？调零时是否能用毫伏表来测量输出 U_o？

4. 差动放大器中 R_e 和恒流源起什么作用？提高 R_e 受到什么限制？

实验 13　基本运算电路

一、实验目的

1. 熟悉集成运算放大器的基本特点和性能。
2. 掌握由集成运算放大器组成的比例、加减法和积分等基本运算电路。
3. 学习集成运算放大器的正确使用,了解集成运算放大器的电压传输特性。

二、预习要求

1. 复习集成运算放大器组成的比例、加法、减法和积分等基本运算电路。
2. 实验前计算好实验内容中的有关理论值,以便实验时与测量结果作比较。

三、实验仪器设备

名　称	型号及参数说明	数　量
恒压源	+12V、-12V	一台
双踪示波器/函数发生器	YB4325/ DF1641A1	各一台
直流电压表	量程 0/2/200V	一块
实验电路	集成运算放大器	一块

四、实验原理

集成运算放大器(集成运放)是一种高性能的多级直接耦合放大器,它具有高电压放大倍数(几十万倍以上),高输入电阻(＞1000kΩ),低输出电阻(几百欧)。深度负反馈条件下的集成运放,可组成比例、加减法和积分等基本运算电路。本实验使用集成运放的型号是 μA741,以下分析假定集成运放为理想集成运放。

1. 反相比例运算电路,如图 13.2 所示。信号从反相输入端引入,输出电压与输入电压成比例,运算关系为

$$u_o = A_{uf}u_i \approx -\frac{R_f}{R_1}u_i \tag{13.1}$$

当 $R_F = R_1$ 时,$u_o = -u_i$ 或 $A_{uf} = -1$,这就是反相器。

2. 同相比例运算电路。信号从同相输入端引入,其电压增益大于1,输出电压与输入电压相位相同,运算关系为

$$u_\mathrm{o} = A_\mathrm{uf} u_\mathrm{i} = \left(1 + \frac{R_\mathrm{f}}{R_1}\right) u_\mathrm{i} \tag{13.2}$$

当 $R_1 = \infty$(断开)或 $R_\mathrm{F} = 0$ 时, $A_\mathrm{uf} = 1$,这就是电压跟随器。

3. 加法运算电路,如图 13.3 所示。如果在反相输入端接入若干输入,则构成反相加法运算电路。对二路信号的求和运算为

$$u_\mathrm{o} = -\left(\frac{R_\mathrm{F} u_\mathrm{i1}}{R_{11}} + \frac{R_\mathrm{F} u_\mathrm{i2}}{R_{12}}\right) \tag{13.3}$$

当 $R_{11} = R_{12} = R_{13} = R_1$ 时,上式为

$$u_\mathrm{o} = -\frac{R_\mathrm{F}}{R_1} (u_\mathrm{i1} + u_\mathrm{i2})$$

4. 减法运算电路,如图 13.4 所示。如果两个输入端都有信号输入,则为差动输入,完成减法运算,即

$$u_\mathrm{o} = \left(1 + \frac{R_\mathrm{F}}{R_1}\right) \frac{R_3}{R_2 + R_3} u_\mathrm{i2} - \frac{R_\mathrm{F}}{R_1} u_\mathrm{i1} \tag{13.4}$$

5. 积分运算。反相积分运算电路如图 13.5 所示。在理想条件下,若电容两端初始储能为零,则积分运算电路的运算关系为

$$u_\mathrm{o} = -u_C = -\frac{1}{C_\mathrm{F}} \int i_\mathrm{f} \mathrm{d}t = -\frac{1}{RC_\mathrm{F}} \int u_\mathrm{i} \mathrm{d}t \tag{13.5}$$

五、注意事项

1. 集成运放有稳定的输出电压和较强的负载能力,但实际运放器件不是理想元件,输出端严禁短路。

2. 运放输出端输出电压是有限值,略小于运放的正负电源值,输入端信号不能过大,否则运放将进入饱和区。

3. μA741 的正、负电源不能接反,否则极易损坏芯片。

4. 若使用直流稳压源(DY031T)作为直流输入信号,所有直流电压应以 DG054-1T 的直流电压表的读数为准,不能以直流稳压源的表头输出读数。

六、实验内容及步骤

(一) 调零

按图 13.1 接线,检查无误后方可闭合电源。调节电位器 R_P,直至输出电压 $u_\mathrm{o} = 0$(小于 $\pm 10\mathrm{mV}$)。零点调好后不要随意改动,在后面的实验中均不用调零, $\pm 12\mathrm{V}$ 电源不可拆除。

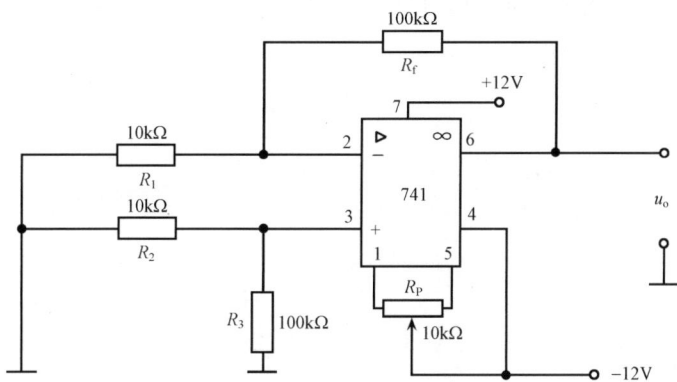

图 13.1　集成运放的调零

（二）反相比例运算

1. 按图 13.2 接线（接线时须将电源开关断开）。接通电源，调节输入信号（直流稳压源 DY031T），按表 13.1 中的要求测量相应的输出 u_o。

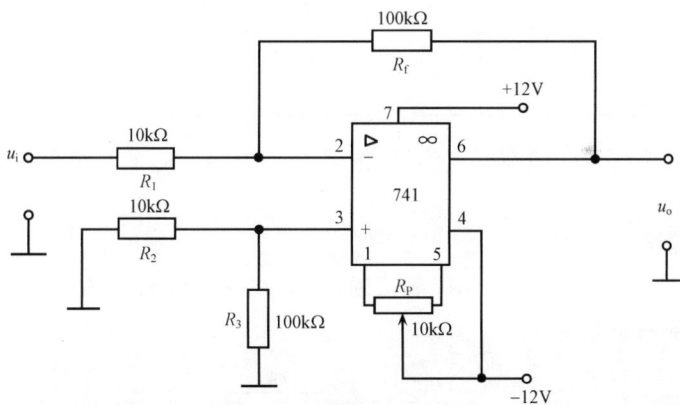

图 13.2　反相比例运算电路

表 13.1　反相比例运算

输入 u_i/V	0.5	0.8	0	−0.5	−0.8
理论值 u_o/V					
测量值 u_o/V					
理论值 A_{uf}					
测量值 A_{uf}					

2. 当外加正弦信号（1kHz，0.5V）时，用示波器观察并记录输入、输出波形及相位关系。

（三）加法运算

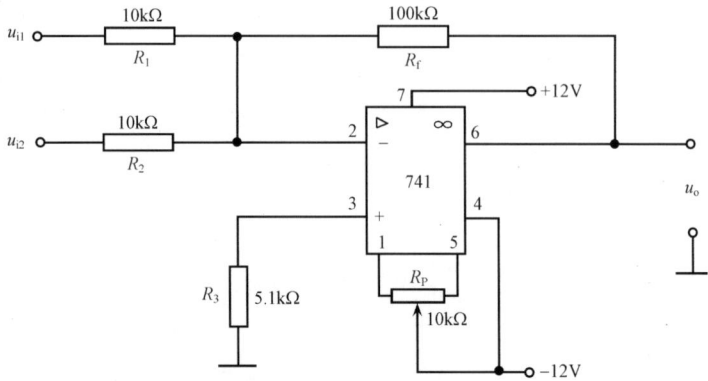

图 13.3　加法运算电路

表 13.2　加法运算

输入信号 u_{i1}/V	0	0.2	0.5	-0.8	-0.6	-0.5
输入信号 u_{i2}/V	0.3	0.3	0.3	0.4	0.4	0.5
理论值 u_o/V						
测量值 u_o/V						

　　按图 13.3 接线。调节输入信号,按表 13.2 中 u_{i1}、u_{i2} 的几组数值,测量相应的输出 u_o。

（四）减法运算

　　按图 13.4 接线,经检查无误后接通电源,在输入端输入几组不同的 u_{i1}、u_{i2} 的值,测出相应的输出 u_o。

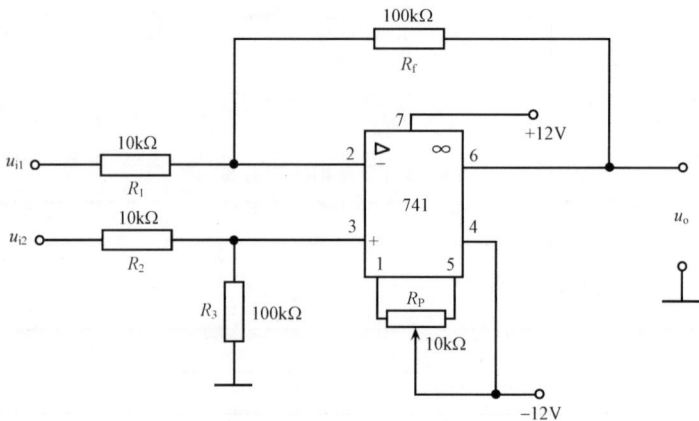

图 13.4　减法运算电路

表 13.3　减法运算

输入信号 u_{i1}/V	1.0	0.7	0.8	0.5	0.3	−0.2
输入信号 u_{i2}/V	0.2	1.2	0.2	0.5	−0.5	0.4
理论值 u_o/V						
测量值 u_o/V						

（五）积分运算

1. 按图 13.5 接线（接线时须将电源开关断开）。

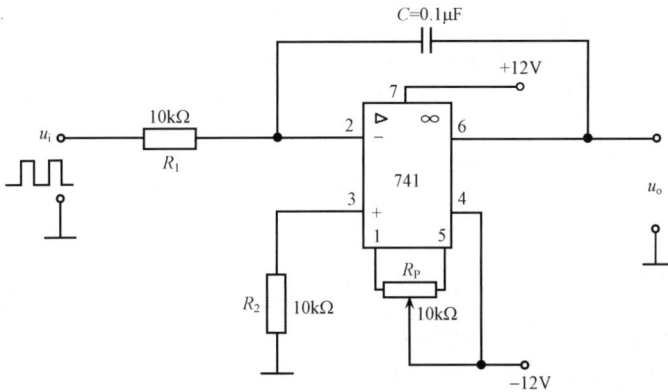

图 13.5　积分运算电路

2. 输入接入方波信号（500Hz，即 1ms），适当调节函数发生器的输出幅度（2V左右），直至在示波器上观察到输入、输出波形。记录输入、输出波形。

3. 在电容两端并联反馈电阻 R_f（100kΩ），目的是减小集成运放输出端的直流漂移。一般满足 $R_f C \gg R_1 C$，再次观察并记录输出波形。

（六）微分运算

1. 按图 13.6 接线（接线时须将电源开关断开）。

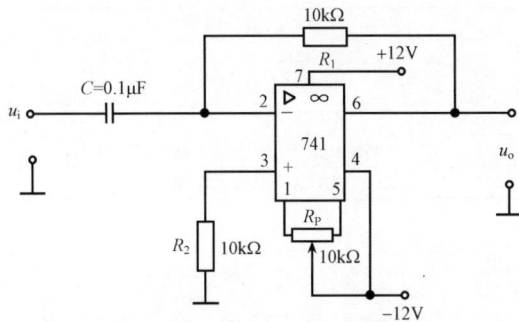

图 13.6　微分运算电路

2. 输入 500Hz、幅值约为 0.5V 的三角波信号，在示波器上观察到输入、输出波形,并记录输入、输出波形。

3. 可在电容一侧串联一个小电阻 $R(100\Omega)$,目的是减小高频干扰和自激。再次观察并记录输出波形。

七、实验报告要求及思考题

1. 整理实验数据,得出结论,分析产生误差的原因。使用集成运放时应注意哪些问题?

2. 分析反馈电阻 R_f 对积分电路波形的影响。

3. 集成运算放大器作为基本运算单元,就我们所熟悉的,它可完成哪些运算功能?

4. 用反相加法器实现两个信号相加,输出信号的误差与哪些参数有关?

实验 14　功率放大电路

一、实验目的

1. 了解互补推挽对称功率放大电路的性能和特点。

2. 了解互补推挽对称功率放大电路的调试方法;测量互补对称功率放大器的最大输出功率、效率等参数。

二、预习要求

1. 复习互补对称功率放大电路的工作原理。

2. 理想情况下,计算实验电路(图 14.1)的最大输出功率 P_{om}、管耗 P_T、直流电源提供的功率 P_V 和效率 η 等性能参数。

三、实验仪器设备

名　称	参数及型号说明	数　量
直流电压源	$+12V$,$-12V$	一台
双踪示波器	YB4325 型	一台
交流毫伏表/函数发生器	DF1930A / DF1641A1	各一台
直流电压表/毫安表	量程 0/2/200V,0/200mA/2A	各一块
实验电路	OCL 功率放大电路	一块

四、实验原理

1. 功率放大器一般处于多级放大器的末级,它的任务是,在不失真地或轻度失真的情况下,尽量提高输出功率,以驱动负载。功率放大器的工作一方面要提高输出效率,另一方面要减小各种非线性失真。为解决这些矛盾,设计了各种形式的功放电路,如变压器耦合推挽功率放大器、无输出变压器互补推挽对称功率放大电路(OTL)和无输出电容互补推挽功率放大器(OCL)等。

2. 本实验以准互补推挽对称 OCL 功率放大器(参考图 14.1)为例,电路左侧是用通用集成运放 741 等构成的输入级,其同时具有一定的驱动能力;电路的中部是由 NPN 型复合管(T$_1$、T$_3$ 构成)和 PNP 型复合管(T$_2$、T$_4$ 构成)为核心元件组成的准互补推挽功率放大电路,这两组复合管分别在输入信号的正负半周工作,形成推挽工作方式;电路右下部分的 RC 串联电路(R_{12} 和 C)是一个保护电路,防止感性负载(如扬声器)产生过电压而烧毁输出级的三极管;另外在电路的上方有一个负反馈支路,形成电压串联负反馈,使整个电路的工作趋于稳定。

3. 功率放大器的主要性能指标如下:

最大不失真输出功率:

$$P_{om} = \frac{U_{om}^2}{R_L}$$

U_{om} 是放大器输入正弦电压信号,是输出电压波形在不失真条件下的最大值(有效值),R_L 是负载的电阻值,而 P_{om} 是功率放大电路在上述条件下输出的有功功率。

直流电源供给的功率 $P_V = EI$,即电路的输入功率,其中 E 是功放电路的直流电源电动势,I 是直流电源的输出电流。

所以,最大效率 $\eta = P_{om}/P_V$,最大输出功率时晶体管的管耗 $P_T = P_E - P_{om}$。互补对称功率放大器理想情况下,

$$P_{om} = \frac{E_C^2}{8R_L}, P_E = \frac{E_C^2}{2\pi R_L}, \eta = \frac{P_{om}}{P_E} = 78.5\%, P_T = \frac{4-\pi}{2\pi} \cdot \frac{E_C^2}{R_L}$$

理想情况下最大输出电压 $U_{om} = \frac{E_C}{2}$,但实际情况往往达不到这个数值。

4. 为了消除交越失真,在晶体管 T$_1$ 和 T$_2$ 的基极之间加入二极管 VD$_1$、VD$_2$ 和 VD$_3$,给 T$_1$ 和 T$_2$ 提供一定正向偏压,使两管静态时都处于微导通状态,所以此时电路工作于甲、乙类状态。

五、注意事项

1. 如果电路存在干扰,可在 ±12V 电源之间加接 $0.33\mu F$ 电容。

2. 实验中晶体管 T$_3$ 的集电极要与 +12V 电源联结。

3. 负载电阻 R_L(20Ω/5W)需与扬声器串联,因扬声器电阻只有 8Ω,直接接功放输出端,电流太大,造成器件损坏。

4. 本实验的实验电路是 OCL 功放电路,采用 ±12V 双电源供电,所以 $E = 24V$。

六、实验内容及步骤

1. 按实验电路图 14.1 接线,电源电压为 ±12V。

2. 在放大电路输入端输入 $f = 1kHz, U_i = 100 \text{ mV}$ 的低频正弦交流信号,用示波器观察输出波形,在无自激振荡的情况下,逐渐加大输入信号电压值,至输出

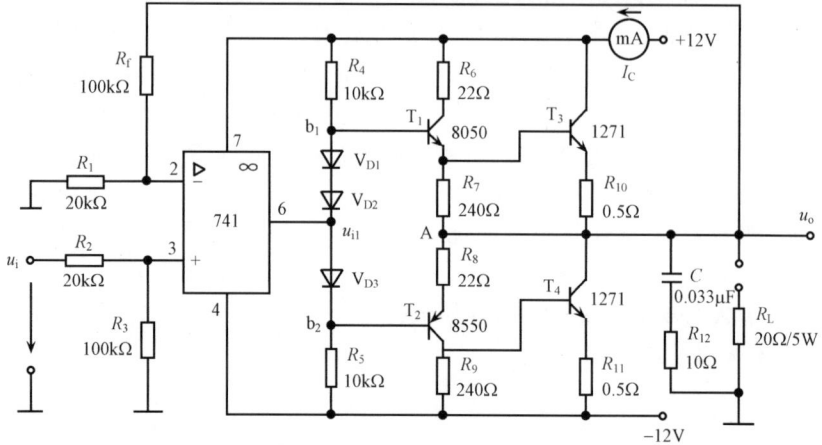

图 14.1　OCL 功率放大电路

波形处于临界失真时,记录最大不失真输出电压 U_o,并计算最大输出功率 P_{om} 和效率 η,数据记入表 14.1。

表 14.1　功率放大器基本参数测试

U_o/V	I/mA	$P_{om} = U_o^2/R_L$	$P_V = EI$	$\eta = P_{om}/P_v$

注:P_V 为直流电源提供的功率,E 为直流电源总电压,I 为电路总电流。

3. 测量放大电路在音频(20Hz～20kHz)范围内的频率特性。在 $f = 1kHz$ 时,调输入信号 u_i,使输出信号 $u_o = 0.8V$;然后测量 u_i 值,保持 u_i 值不变的条件下改变信号频率 f,记录所对应的 u_o,并画出 u_o- f 曲线。数据记入表 14.2。

表 14.2　频率特性测试

保持 u_i 不变	f/Hz	10	20	200	600	1k	10k	20k	60k
$u_i=$　　(V)	U_o/V								

4. 观察末级工作状态对交越失真的影响。将 b_1 和 b_2 点短路后与 741 的输出端相连接,在正电源端串接毫安表,测其静态电流 I_{c3}。在放大电路输入端输入 $f = 1kHz,U_i = 100mV$ 的低频正弦交流信号,用示波器观察并画出输出波形的交越失真情况。自拟表格记录波形。

用 100kΩ 电阻与反馈电阻 R_f 相并联,增大负反馈,用示波器观察交越失真有无变化。

5. 观察负反馈深度对波形失真的影响。调输入信号频率 $f = 1kHz$,用示波器观察输出波形,逐渐加大输入信号电压,至输出波形失真,波形记入表 14.3;然后加强负反馈（即用 $100\mathrm{k}\Omega$ 电阻与原反馈电阻 R_f 并联），观察输出波形失真有无变化。波形记入表 14.3。

表 14.3 负反馈深度对波形失真的影响

原输出失真波形	加强负反馈后输出波形

七、实验报告要求及思考题

1. 根据实验数据计算最大不失真输出功率及相应的效率，与理论值进行比较，试分析原因。

2. 根据实验内容 3 画出本次实验功放电路的幅频特性曲线。

3. 工程应用中对功率放大器的基本要求与电子电路的什么参数有关？

4. 根据实验结果分析交越失真产生的原因及消除方法。负反馈是否能消除交越失真？

实验 15 波形发生电路

一、实验目的

1. 加深理解集成运算放大器的非线性应用的原理及特点。

2. 学习集成运算放大器组成正弦波发生器和方波-三角波发生器，掌握其测试和调试方法。

二、预习要求

1. 复习 RC 正弦波振荡电路、方波-三角波发生器的工作原理。

2. 按图 15.1 中所给参数，计算正弦波振荡器的振荡频率（不考虑限幅二极管作用，电位器 R_P 取中间值）。

3. 按图 15.2 中所给参数，计算方波-三角波振荡器的振荡频率及输出电压的幅值。

三、实验仪器与设备

名　称	型号及参数说明	数　量
恒压源	$+12\mathrm{V}$、$-12\mathrm{V}$	一台
双踪示波器	YB4325	一台
交流毫伏表/函数发生器	DF1930A / DF1641A1	各一台
实验电路	RC 正弦波振荡器和运算放大器	一块

四、实验原理

在工程实际中,信号产生电路获得了广泛的应用,除正弦波信号外,还有各种非正弦信号,如矩形波、方波(占空比 50% 的矩形波)、三角波等。这些波形发生电路不需要输入信号而产生各种周期性的波形。对于正弦波振荡电路,它的输出电压是正弦波,其放大器工作在线性放大区。而非正弦波产生电路中,放大器工作在开环比较状态。

1. 文氏电桥 RC 正弦波发生器。如图 15.1 所示,当 $f_o = \dfrac{1}{2\pi RC}$ 时,$U_p = U_o/3$,且 U_p 与 U_o 同相位。此电压加至同相放大器的输入端,形成正反馈,满足振荡的相位条件。只要使放大器的放大倍数 $A_f \geqslant 3$,即满足振荡的幅度条件。

为了能自动稳幅,接入二极管(非线性元件)D_1、D_2。在振荡过程中,D_1、D_2 将交替导通,导通管的正向电阻因振荡幅值变大而减小,输出幅度越大,并联等效电阻值越小,使负反馈加强,放大倍数下降,输出幅度减小。反之,导通管正向电阻增大,使负反馈削弱,放大倍数增大,达到自动稳幅。调节 R_p 可以改变输出幅度,改善失真情况。

2. 方波-三角波发生器。简单的方波-三角波发生器电路由滞回电压比较器和 RC 充放电回路组成,电路如图 15.2(a)所示,图 15.2(b)是其工作波形。图中双向稳压管 D_z 起到限制输出电压幅值的作用。R_1、R_2 构成正反馈电路(比较器)。R_f 和 C 构成负反馈网络,u_C 和 U_R 相比较决定 u_o 的极性,R 是限流电阻。u_o 的极性正负对应于通过电容的电流是充电(u_C 增大)或放电(u_C 减小),而 u_C 的高低再一次决定 u_o 的极性,输出端得到周期性的方波,电容端近似得到三角波(只是线性度稍差而已)。输出方波幅度

$$u_o = \pm U_z$$

输出三角波幅度
$$u_C = \pm \frac{R_2}{R_1 + R_2} U_z$$

其振荡周期为

$$T = 2R_f C \ln\left(1 + 2\frac{R_2}{R_1}\right)$$

五、注意事项

1. 实验中调节电路的可调电阻使输出电压 u_o 无明显失真后,再测量频率。
2. 改变电路参数前须先关闭实验电源再改变参数,检查无误后接通电源。

六、实验内容与步骤

1. 按图 15.1 接线,集成运放接 ±12V 电源。
(1) 1、2 点相连时为有稳幅环节的 RC 正弦波振荡器。接通电源,用示波器观

测有无正弦波电压 u_o 输出。若无输出,可调节 R_P,使 u_o 为无明显失真的正弦波,并观察 U_o 值是否稳定。在 1、2 点断开和连接两种情况下,分别用毫伏表测量 U_o 和 U_f 的有效值,记入表 15.1 中。

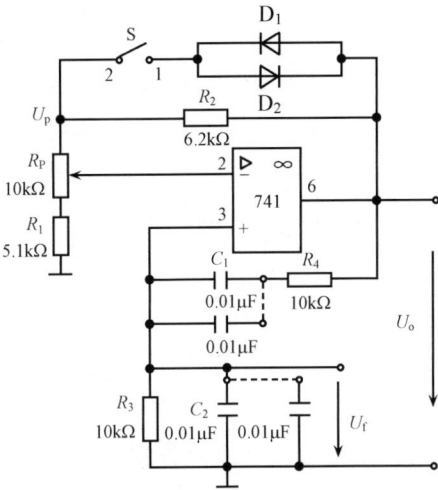

图 15.1 RC 正弦波振荡器

表 15.1

	U_o/V	U_f/V
1、2 点断开		
1、2 点相连		

(2) 1、2 点连接,分别在 $R_3 = R_4 = 10k\Omega$,$C_1 = C_2 = 0.01\mu F$ 和 $R_3 = R_4 = 10k\Omega$,$C_1 = C_2 = 0.02\mu F$ 两种情况下(要求输出波形不失真)调节 R_P,找到 U_o 的最小值和最大值,分别用示波器和 DF1641A1 频率计测量 f_o,记入表 15.2 中,并与理论值比较。

表 15.2 有稳幅 RC 正弦波振荡器

测试条件	$R = 10k\Omega, C = 0.01\mu F$				$R = 10k\Omega, C = 0.02\mu F$			
测试项目	U_o/V		f_o/kHz		U_o/V		f_o/kHz	
	最小	最大	①	②	最小	最大	①	②
测量值								

注:①用示波器测量,②用 DF1641A1 频率计测量。

(3) 无稳幅环节的 RC 正弦波振荡器。断开 1、2 两点的接线,接通电源,调节 R_P 使 U_o 输出为无明显失真的正弦波,测量 U_o 和 f_o,填入表 15.3 中,并与理论值比较。

表 15.3 无稳幅 RC 正弦波振荡器

测试条件	$R = 10k\Omega, C = 0.01\mu F$				$R = 10k\Omega, C = 0.02\mu F$			
测试项目	U_o/V		f_o/kHz		U_o/V		f_o/kHz	
	最小	最大	①	②	最小	最大	①	②
测 量 值								

注:①用示波器测量,②用 DF1641A1 频率计测量。

2. 方波-三角波发生器。

(1) 按图 15.2(a)所示电路及参数接成方波-三角波发生器。线路经检查无误后接通电源。

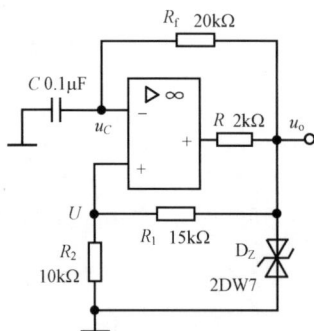

(a) 方波发生器原理图　　　　　　　　(b) 方波发生器波形图

图 15.2

(2) 用示波器观察并描绘 u_o 及 u_C(注意标注图形尺寸),比较相位关系,并测量信号幅值和频率,与理论值比较。

(3) 将 R_f 改为 47kΩ 可调电位器,调整 R_f,观察其对 u_o 和 u_C 幅值和频率的影响,并测量 u_o 的最高和最低频率值(在有波形的情况下)。

表 15.4　方波-三角波发生器

	$R_f=20$ kΩ,	$f=$
波 形	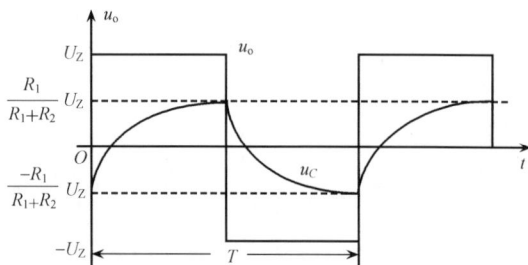	

七、实验报告要求及思考题

1. 列表整理实验数据,画出相应的波形图。RC 振荡电路中哪些参数与振荡频率有关?

2. 改变负反馈深度对振荡电路起振的幅值条件及输出波形有怎样的影响?

3. 如何用示波器观测滞回电压比较器的输入输出波形,并求出上下门限电压?

实验 16　直流稳压电源

一、实验目的

1. 熟悉半导体直流稳压电源的组成和各部分的作用。

2. 学习集成三端稳压器的使用方法;学会直流稳压电源的主要参数测试方法。

二、预习要求

1. 单相全波整流电路分别接电容滤波、三端稳压器稳压时的工作原理及输出波形。

2. 理解直流稳压电源各组成部分输出与输入之间的关系。设变压器副边电压 U_2 为 16V,计算表 16.1 中的理论值。

三、实验仪器设备

名　称	型号及参数说明	数　量
双踪示波器	YB4325 型	一台
可调交流电源	输出 6/12/14/16/18/24V	一台
直流电压表/直流毫安表	量程 0/2/200V,0/200mA/2A	一块
实验电路板	整流、滤波和稳压电路	一块

四、实验原理

目前,在不可控整流电路中广泛采用二极管桥式整流电路直流稳压电源。直流稳压电源一般由电源变压器、整流、滤波和稳压电路四个部分组成。要得到所需要的直流稳压电源,首先把市电电网交流电经变压器降压得到较低的交流电压;通过整流电路变成脉动直流电;再经过滤波电路将交流成分滤除,保留直流成分,从而得到平滑的直流电。但是这时直流电压还受电网电压波动、负载变化及半导体整流器件性能随温度变化等因素的影响,输出电压的稳定性达不到要求,加入稳压电路后,最终输出端得到较为稳定的直流电压。

本实验研究单相桥式整流、电容滤波、集成稳压器构成的直流稳压电路。半波和全波整流电路不带电容滤波时输出分别是: $U_o = 0.45U$(半波); $U_o = 0.9U$(全波)。半波和全波整流电路带电容滤波时输出分别是:① 负载开路,即空载时

$U_。=\sqrt{2}U$;② 接负载电阻,取 $U_。=U$(半波), $U_。=1.2U$(全波);③ 再经集成稳压器的输出电压,即为集成稳压器的输出电压标称值。

五、注意事项

1. 用实验台上的有级可调交流电源 DY02T(6V/12V/14V/16V/18V/24V)作为整流电路的输入,不再使用变压器调压。

2. 示波器观察实验的输入、输出波形时,一次只能用一个通道,不能同时用两个通道观察输入、输出波形,因为输入为交流电压,输出为直流电压,交流侧与直流侧没有共同的接地点,而示波器两个通道在机内是同一个接地点,所以用两个通道同时观察输入、输出波形时必然造成实验电路短路。

3. 集成稳压器内部有很好的保护电路,仍然要注意:①使用中输入、输出不能反接,若反接电压超过 7V,稳压器将损坏;②输入端、输出端不能短路,可在输入、输出端接保护二极管;③稳压器公共端应可靠接地。

4. 图 16.1 中电容 C_1 用于抑制过压和纹波;电容 C_2 用于改善负载瞬态响应。

六、实验内容及步骤

整流、滤波和稳压实验电路如图 16.1 所示。利用实验板上的插孔和接线柱,图中 W7812 旁的 C_1 和 C_2 电容需要外接在 GMS-2S 元件板上的元件。

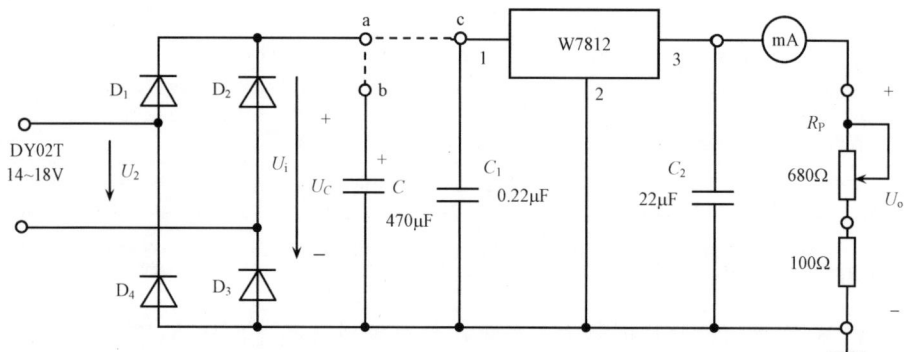

图 16.1 整流、滤波和稳压实验电路

(一)单相桥式整流电路

接通 DY02T 的 2A 电源,置可调交流电源输出为 16V 挡(即变压器副边电压 U_2),先用 DG054-1T 上的交流电压表测量 U_2,再用直流电压表测量以下三种情况的负载电压,并将示波器观察到的相应波形记录于表 16.1 中(此时负载中的电位器 R_P 应右旋到底,即 R_P 的阻值最大)。

1. 单相桥式整流电路(无滤波电容,直接从 a 点和地之间输出),验证 $U_。=0.9U_2$。

2. 单相桥式整流电路(接滤波电容,a、b 相连作为输出,输出的另一端为直流接地端),验证 $U_o=1.2U_2$。

表 16.1　单相桥式整流电路

	波　　形	电压/V	电压理论值
输入交流电	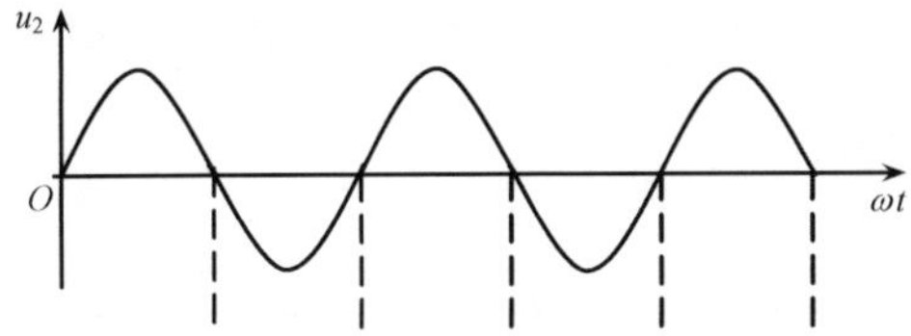	16V 挡 $U_2=$	无
整流	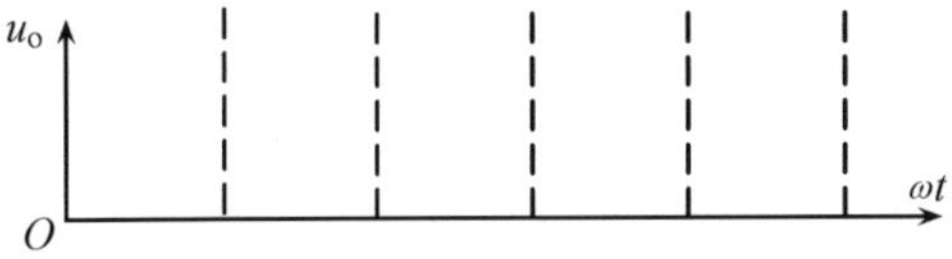	$U_o=$	$U_o=0.9U_2$ (　　)
整流、滤波		$U_o=$	$U_o=1.2U_2$ (　　)
整流、滤波和稳压		$U_o=$	集成稳压器输出电压标称值 (　　)

3. 单相桥式整流电路(接电容滤波、集成稳压器,a、b、c 相连接集成稳压器的 1,集成稳压器的 3 输出)。U_o 就是集成稳压器输出电压标称值。

(二)负载及输入电压对输出电压的影响

1. 选可调交流电源输出 16V 挡电压,实际值填在(　　)内。缓慢调整 R_P(680Ω 电位器)使输出分别取不同的电流值 I_o(如 0mA、50mA、100mA),测量输出电压 U_o,记入表 16.2 中。

2. 断开集成稳压器,但要接滤波电容及负载,重复上述"1"的观察和测量,记录数据。

3. 置可调交流电源输出分别为 14V 挡、16V 挡、18V 挡,实际值填在表 16.2 中的"(　　)"内,测量输出电流一定时(如 80mA)的输出电压 U_o,记入表 16.2 中。

4. 断开集成稳压器,但要接滤波电容及负载,重复上述"3"的观察和测量,记录数据。

表 16.2 稳压性能测试

条 件 测 量 项 目	单位	测 量 值				
		U_2 不变,负载 R_P 改变		负载 R_P 不变,U_2 改变		
变压器副 边电压 U_2	V	16( )		14( )	16( )	18( )
有稳压电路输出(带滤波 C) I_o	mA	0 (空载)				
U_o	V					
无稳压电路输出(带滤波 C) I_o	mA	0 (空载)				
U_o	V					

(三)输出电压可调直流稳压电路

输出电压可调直流稳压电路中的集成稳压器为 317 芯片,也有三个端子,依靠外围元件参数的改变,可以使输出电压在一定范围内变化,输出电压的变化范围可按下式求得:

$$U_o = \left(1 + \frac{R_{P1}}{R_1}\right) \times 1.25 \quad V$$

按图 16.2 接线。

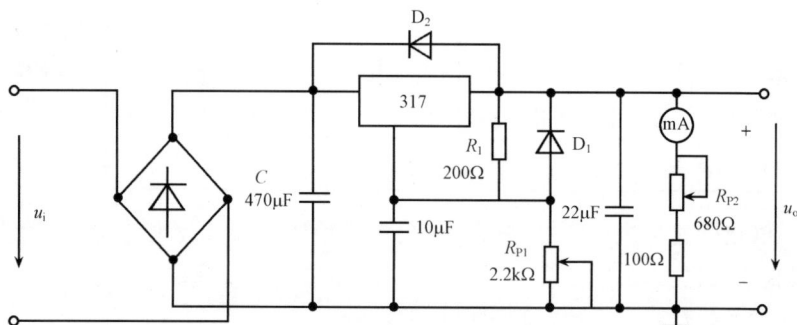

图 16.2 输出可调的直流稳压电路

1. 观察负载变化对输出电压的影响。输入端接入 14V 正弦交流电源电压,调整 R_{P1},测出输出电压的最大值和最小值,并作记录。再分别在输出电压最大值和最小值条件下,变化 R_{P2} 值,使负载电阻阻值从最大调至最小,通过与负载串联的毫安表监测输出电流,记录输出电流为最小值(负载最小)、20mA、50mA、100mA和输出电流为最大值(负载最大)时的输出电压值、电流值,数据记入表 16.3 中。

表 16.3 输出电压范围和输出电流范围

$U_i = ($)V		R_{max}		$\longrightarrow$		R_{min}
U_{omin}	U_o/V					
( )	I_o/mA		20	50	100	
U_{omax}	U_o/V					
( )	I_o/mA		20	50	100	

2. 观察输入交流电压值变化对输出电压的影响。输入端接入 16V 正弦交流电压,调节 R_{P1} 和 R_{P2},使输出 $U_o=10$V,$I_o=100$mA,记入表 16.4 中。然后改变输入端交流电压挡分别为 12V、14V、18V 及 24V 时,将实际测量的 12V、14V、16V、18V 和 24V 挡电压值填在表 16.4 中"( )"内,在不调节 R_{P1}、R_{P2} 的前提下,测出电压 U_o 值,记入表 16.4 中。

表 16.4 输入交流电压有效值变化对输出电压的影响(考察稳压效果)

U_i/V	12V( )	14V( )	16V( )	18V( )	24V( )
U_o/V					

七、实验报告要求及思考题

1. 整理实验数据,分析实验结论。比较无稳压电路与有稳压电路的电压稳定程度。

2. 从实验数据表 16.2 中,计算直流稳压电路的输出电阻 r_o,它的大小有何意义?

3. 单相桥式整流电路,接电容滤波,空载时输出电压还满足 $U_o=1.2U_2$ 吗?为什么?

4. 如果线性直流稳压器 78XX 的输入端是一个直流脉动电压,器件能否正常工作? 如果不能,应当如何处理?

实验 17   组合逻辑电路基础

一、实验目的

1. 了解 TTL 集成与非门、异或门电路芯片的外形、管脚标号及使用方法。

2. 练习使用集成电路芯片,掌握门电路及组合逻辑电路逻辑功能的测试方法。

3. 熟悉用与非门组合成其他逻辑门电路的方法,验证组合门电路的逻辑功能。

二、预习要求

1. 复习基本门电路的工作原理及相应逻辑表达式;复习二进制数的运算以及组合逻辑电路的分析方法。

2. 熟悉实验所用集成电路芯片的引线位置及各引线用途。

3. 复习用与非门和异或门构成的半加器与全加器的工作原理。

4. 关于验证性实验,根据实验内容中提出的功能要求写出电路的逻辑表达式,用与非门设计出逻辑电路,并作出其真值表,在实验室搭接电路,验证你设计的电路是否能满足设计要求。

三、实验仪器

名 称	型号及参数说明	数 量
数字逻辑实验电路	14 脚插座,逻辑电平开关,逻辑电平显示,＋5V 电源等	
集成电路	74LS00、74LS86	若干
直流电压表	量程 0/20/200V	一台

四、实验原理

组合逻辑电路是数字电路中最基本的环节。实验中可按照逻辑要求,写出逻辑表达式,根据逻辑代数的运算法则得到与非关系式,最后用与非门、异或门电路构成各种组合逻辑电路。

数字电路实验采用数字逻辑实验板 GSD-2S,板上提供各种集成电路插座、逻辑电平开关(K0～K11)、发光二极管逻辑电平显示(L0～L11)、发光二极管七段数码显示器等。需外接直流稳压电源的＋5V(DY04),单次脉冲或连续脉冲由 DY054-1T 的脉冲信号源提供,实验采用正逻辑:高电平为"1",低电平为"0"。

实验中采用 74LS00 四 2 输入与非门和 74LS86 四 2 输入异或门,它们的内部结构及引脚排列图分别如图 17.1(a)、(b)所示。

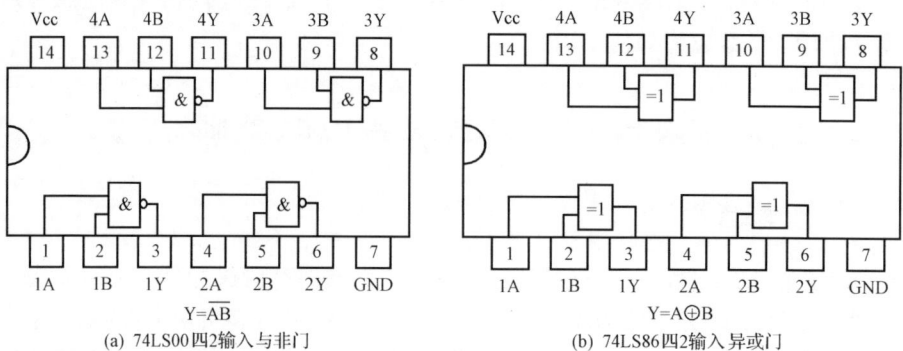

(a) 74LS00四2输入与非门   (b) 74LS86四2输入异或门

图 17.1

图 17.1(a):$1Y=\overline{1A \cdot 1B}$, $2Y=\overline{2A \cdot 2B}$, $3Y=\overline{3A \cdot 3B}$, $4Y=\overline{4A \cdot 4B}$

图 17.1(b):$1Y=1A \oplus 1B$, $2Y=2A \oplus 2B$

$3Y=3A \oplus 3B$, $4Y=4A \oplus 4B$

五、注意事项

1. 集成芯片使用前,首先要分清各管脚的功能,连接实验电路时,电源端和接地端不能接错。实验中使用的 TTL 电路芯片,均接+5V 电源(+5V 允许±10％的波动)。

2. TTL 与非门不用的输入端允许悬空(但最好接高电平),不能接低电平。

3. 不允许将集成片拔起,以免插反后将其损坏。

4. 每次接线时应将电源关闭,不能带电改接线路。

5. 输出端不允许直接接电源电压或地,否则会损坏器件。除集电极开路门和三态门外,输出端不允许并联使用,否则会使电路逻辑功能混乱。

六、实验内容及步骤

(一)与非门逻辑功能的测试

1. 在实验板上选用 74LS00,选其中的一个与非门,按图 17.2 接线。F 接逻辑电平指示灯,A、B 接逻辑电平开关。

表 17.1

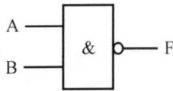

图 17.2　与非门

输　　入		输　　出	
A	B	电位/V	逻辑状态 F
0	0		
0	1		
1	0		
1	1		

2. 按表 17.1 各输入状态,验证与非门的逻辑功能。用万用表分别测量高电平电位和低电平电位,结果记入表 17.1 中(一般 TTL 门电路高电平≈3.6V,低电平≤0.3V)。

(二)利用与非门组成其他逻辑门电路

1. 组成或门电路。由 $F=A+B=\overline{\overline{A+B}}=\overline{\overline{A}+\overline{B}}$ 知,可用三个与非门组成或门。在实验板上选三个与非门,按图 17.3 接线,不用的输入端允许悬空(或接高电平)。验证或门电路的逻辑功能,结果记入表 17.2 中。

表 17.2

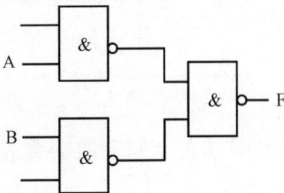

图 17.3　或门

输　　入		输　　出
A	B	F
0	0	
0	1	
1	0	
1	1	

2. 利用与非门组成半加器。用两片 74LS00 按图 17.4 接线，按表 17.3 的要求设置 A、B 的输入，观测 S、C 的状态并记入表 17.3 中。验证半加器的逻辑功能（S＝$\overline{A}$B＋A$\overline{B}$＝A ⊕ B；C＝AB）。

表 17.3

输 入		输 出	
A	B	S	C
0	0		
0	1		
1	0		
1	1		

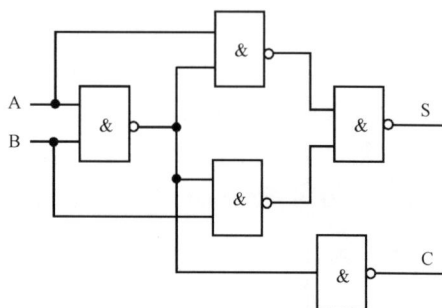

图 17.4 半加器

（三）异或门组成全加器

1. 测试 74LS86 四 2 输入异或门的逻辑功能。

在实验板上选用 74LS86 集成电路，按图 17.5 接线，将测试结果记入表 17.4 中。

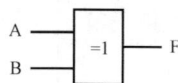

图 17.5 异或门

2. 验证全加器的逻辑功能。

全加器的逻辑表达式：$S_i = A_i \oplus B_i \oplus C_{i-1}$，$C_i = C_{i-1}(A_i \oplus B_i) + A_i B_i$

全加器可由两个异或门和三个与非门组成。在实验板上选用 74LS00 和 74LS86 各一片，按图 17.6 接线，将测试结果记入表 17.5 中。

表 17.4

输 入		输 出
A	B	F
0	0	
0	1	
1	0	
1	1	

表 17.5

A_i	B_i	C_{i-1}	S_i	C_i
0	0	0		
0	0	1		
0	1	0		
0	1	1		
1	0	0		
1	0	1		
1	1	0		
1	1	1		

（四）试用与非门电路设计逻辑电路，实现下面的实用功能（实验前必须完成预习）

1. 三人表决电路。三个输入端代表三个人的同意与否，高电平表示同意，低电平表示不同意；输出端表示议题是否通过，高电平表示通过，低电平表示没通过。

两人以上表示同意,议题即可通过。

2. 某十字路口交通管制灯需一报警电路。当红、黄、绿灯单独亮或黄、绿灯同时亮时为正常,报警灯不亮,其他情况均为不正常报警灯亮。红、黄、绿灯为输入信号,报警灯为输出信号。

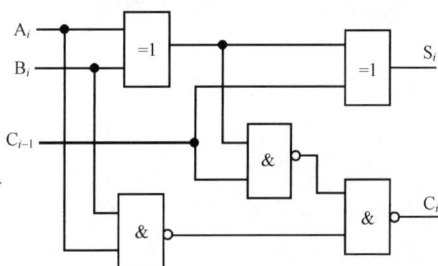

图 17.6 全加器

七、实验报告要求及思考题

1. 小结与非门、或门、异或门、全加器的逻辑功能。

2. TTL 集成门电路有何特点,集成门电路的多余端如何处理?

3. 与非门一个输入端接连续脉冲,其余输入端什么状态时允许脉冲通过? 什么状态时不允许脉冲通过?

实验 18 双稳态触发器

一、实验目的

1. 学习用集成与非门组成基本 RS 触发器;学会正确使用触发器集成芯片。

2. 掌握 RS、JK、D 触发器的工作原理、逻辑功能和测试方法。

二、预习要求

1. 复习 RS、JK、D 触发器的工作原理及相应的逻辑功能。

2. 熟悉所用集成电路芯片的引线位置及各引线用途。

三、实验仪器

名　称	型号及参数说明	数　量
集成电路芯片	74LS00、74LS112、74LS74 或 74LS175	若干
双踪示波器	YB4325	一台
脉冲信号源	提供单次脉冲或连续脉冲	一台
数字逻辑实验电路	14 脚、16 脚插座,逻辑开关,逻辑电平显示,+5V 电源等	一台

四、实验原理

在数字电路中除了广泛采用逻辑门以外,还常常要用到另一种有记忆功能的单元电路——触发器。双稳态触发器按其逻辑功能可分为 RS 触发器、JK 触发器、D 触发器、T 和 T′触发器等;按其结构可分为主从型触发器和维持阻塞型触发器等。

（一）基本 RS 触发器

基本 RS 触发器如图 18.1 所示,属于低电平触发有效的触发器。在正常情况下,Q 端和 $\overline{Q}$ 端的电平总是相反的。触发器可以直接置位或复位,并具有存储和记忆功能。需注意两个输入端不允许同时加低电平触发信号,否则 Q 与 $\overline{Q}$ 相等,破坏了逻辑状态。

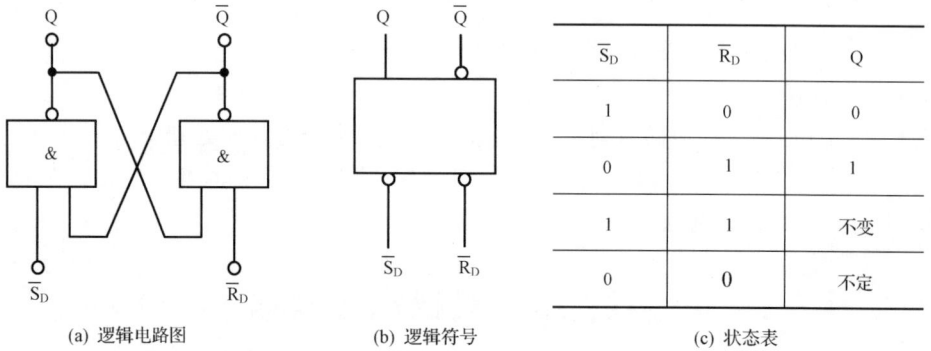

$\overline{S}_D$	$\overline{R}_D$	Q
1	0	0
0	1	1
1	1	不变
0	0	不定

(a) 逻辑电路图　　　　　(b) 逻辑符号　　　　　(c) 状态表

图 18.1　基本 RS 触发器

本实验选用 74LS00(四 2 输入与非门)集成电路芯片,组合成基本 RS 触发器。

（二）JK 触发器

JK 触发器具有四种功能,即计数、置"1"、置"0"和记忆功能,是逻辑功能最完善,并且用得最多的一种触发器。常用的主从型 JK 触发器在输入的时钟脉冲的下降沿翻转,不存在"空翻"现象和"不定"状态,输入控制端 J、K 上可施加任意组合的输入信号。其逻辑符号如图 18.2(a)所示。

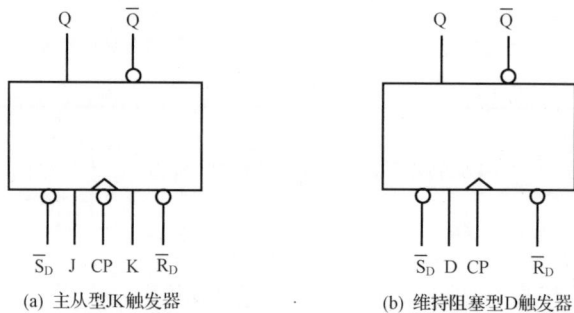

(a) 主从型JK触发器　　　　　(b) 维持阻塞型D触发器

图 18.2

实用的主从型 JK 触发器常做成单 JK 或双 JK 集成组件,本实验选用的74LS112 双 JK 触发器(下降沿触发)的外引线排列如图 18.3 所示。

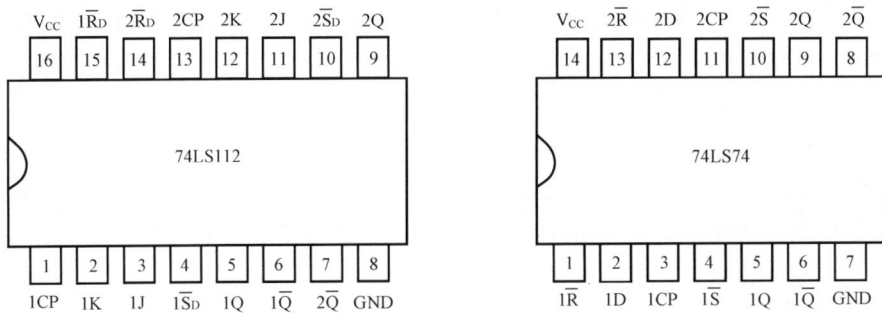

图 18.3 集成组件外引线排列图

（三）D 触发器

在工程中运用得比较多的另一种触发器为 D 触发器，D 触发器只有一个输入端，在一些场合利用这种单元电路进行逻辑设计可使电路得到简化。

现在应用较多的是维持阻塞型 D 触发器，它在输入时钟脉冲的上升沿翻转。其逻辑符号如图 18.2(b) 所示。实用的维持阻塞型 D 触发器常作成单 D、双 D 或四 D 集成组件，本实验选用的双 D 触发器（上升沿触发）74LS74 的外引线排列如图 18.3 所示。

五、注意事项

1. 实验中所使用的集成芯片的管脚要仔细辨认，不能接错。

2. JK、D 触发器的初态是通过直接置位、复位端 $\overline{S}_D$、$\overline{R}_D$ 的电平开关设定的，设定后 $\overline{S}_D$、$\overline{R}_D$ 端均接高电平，即逻辑开关拨到"1"。

六、实验内容与步骤

（一）基本 RS 触发器逻辑功能的测试

1. 选一片四 2 输入与非门电路 74LS00，按图 18.1 所示的逻辑电路接线。置位端 $\overline{S}_D$ 和复位端 $\overline{R}_D$ 分别接"逻辑电平"开关，输出端 Q 和 $\overline{Q}$ 分别接"电平显示"发光二极管。

2. 检查电路无误后接通电源，按表 18.1 进行测试，记录结果并说明电路的逻辑功能。

表 18.1 基本 RS 触发器

输 入 端		输 出 端		逻辑功能
$\overline{S}_D$	$\overline{R}_D$	Q	$\overline{Q}$	
0	0			
0	1			
1	0			
1	1			

3. 当 $\overline{S}_D$、$\overline{R}_D$ 都接低电平时,观察 Q 和 $\overline{Q}$ 端的状态;将 $\overline{S}_D$、$\overline{R}_D$ 同时由低电平跳为高电平,注意观察 Q 和 $\overline{Q}$ 端的状态,重复 3~5 次看 Q、$\overline{Q}$ 端的状态是否相同,解释现象。

(二) JK 触发器逻辑功能的测试

1. 选双 JK 触发器 74LS112 集成芯片,按图 18.4 所示的逻辑电路接线。置位端 $\overline{S}_D$、复位端 $\overline{R}_D$ 及输入端 J、K 分别接"逻辑电平"开关,输出端 Q 和 $\overline{Q}$ 分别接"电平显示"发光二极管,U_{CC} 端和 GND 端分别接 +5V 电源的正负两极,CP 端接手动单脉冲源。

2. 检查电路无误后接通电源,按表 18.2 中给出的要求进行测试,观察手动脉冲 CP 变化后触发器的状态,将测试结果记入表 18.2 中,并说明电路的逻辑功能。

表 18.2 JK 触发器

预 置		初 态	复 位		输 入		脉 冲	现 态	逻辑功能
$\overline{S}_D$	$\overline{R}_D$	Q_n	$\overline{S}_D$	$\overline{R}_D$	J	K	CP	Q_{n+1}	
0	1	1			×	×	×		
1	0	0			×	×	×		
1	0	0	1	1	×	×	⌐↑		
0	1	1							
1	0	0	1	1	0	0	⌐↓		
0	1	1							
1	0	0	1	1	0	1	⌐↓		
0	1	1							
1	0	0	1	1	1	0	⌐↓		
0	1	1							
1	0	0	1	1	1	1	⌐↓		
0	1	1							

注:表中"×"指任意状态。Q_n 和 Q_{n+1} 的状态都是观察同一个逻辑电平指示。Q_n 表示 CP 脉冲后沿来之前原来的状态(即由 $\overline{R}_D$、$\overline{S}_D$ 预置的状态),Q_{n+1} 表示 CP 脉冲后沿来了以后现在的状态。

3. 将 JK 触发器转换成 T′ 触发器,即让 J=K=1。自行连接电路,使 $\overline{S}_D = \overline{R}_D = 1$,CP 端加连续脉冲(频率选用 1024Hz),用双踪示波器观察并记录 Q 相对于 CP 的波形。

(三) D 触发器逻辑功能的测试

1. 选定双 D 触发器 74LS74 集成芯片,按图 18.5 所示的逻辑电路接线。清零 $\overline{R}_D$、置 1 $\overline{S}_D$ 接电平开关,输出端 Q 接电平显示,U_{CC} 端和 GND 端接 +5V 电源的正负两极,CP 端接手动单脉冲源。

2. 检查电路无误后接通电源,按表 18.3 中给出的要求进行测试,将测试结果

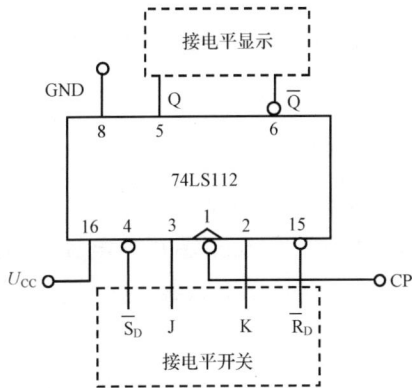

图 18.4　JK 触发器实验电路

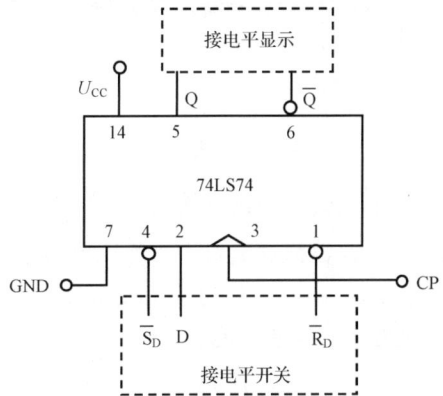

图 18.5　D 触发器实验电路

记入表 18.3 中,并说明电路的逻辑功能。

3. 将 D 触发器转换成 T′触发器,即将 D 端与 $\overline{Q}$ 端相连。自行连接电路,使 $\overline{R}_D = \overline{S}_D = 1$,CP 端加连续脉冲,用双踪示波器观察并记录 Q 相对于 CP 的波形。与上述第 2 条中观察到的 Q 端波形比较异同点。

表 18.3　D 触发器

预 置		初 态	复 位		脉 冲	输 入	输 出	逻辑功能
$\overline{S}_D$	$\overline{R}_D$	Q_n	$\overline{S}_D$	$\overline{R}_D$	CP	D	Q_{n+1}	
1	0	0			×	×		
0	1	1			×	×		
1	0	0	1	1	⌐↓	×		
0	1	1						
1	0	0	1	1	↑	0		
0	1	1						
1	0	0	1	1	↑	1		
0	1	1						

七、实验报告要求及思考题

1. 触发器的共同特点是什么?
2. 比较三种触发器的不同点。
3. 说明 RS 触发器的输出状态"不变"与"不定"的含义。

实验 19　寄存器及其应用

一、实验目的

1. 了解寄存器集成电路芯片使用的基本规律及特点。

2. 学习拟定设计性实验方案的过程。

3. 用实验室所能提供的设备和数字集成电路芯片设计并搭接一个简易的"走灯"装置。

二、预习要求

1. 熟悉常用的寄存器芯片的型号、管脚图和功能。

2. 根据功能要求和个人兴趣拟出有关实验的接线图（包括芯片与电源、芯片与输入信号、芯片与输出显示器件之间的正确连接），并且说明实验者所设计搭接的电路的具体功能。

三、实验仪器设备

名　　称	型号及参数说明	数　　量
函数发生器	DF1641A1	一台
集成电路芯片	74LS175、74LS194	各一片
数字逻辑实验电路板	16 脚插座、逻辑开关电平、LED 显示	一块

四、实验原理

1. 寄存器用来暂时存放参与运算的数据和运算结果。一个触发器只能寄存一个二进制数，要存储多位数时，就得用多个触发器，常用的有四位、八位、十六位寄存器芯片。寄存器存放数码的方式有并行和串行两种。并行方式就是数码的各位从各自对应的输入端同时输入到寄存器中；串行方式是数码从一个输入端逐位输入到寄存器中。从寄存器取出数码的形式也有并行和串行两种。在并行方式中，被取出的数码在对应各位的输出端上同时出现；而在串行方式中，被取出的数码在一个输出端端口逐位出现。根据寄存器的功能，常分为数码寄存器和移位寄存器，它们的区别在于是否能够移位。

2. 74LS175 芯片是四位上升沿触发的 D 触发器，具有公共清零端、公共时钟脉冲输入端子，每一个触发器都有 Q 和 $\overline{Q}$ 输出。可以应用 74LS175 芯片搭接四位数码寄存器，74LS175 芯片的管脚图见图 19.1。

3. 74LS194 芯片是 4 位双向通用移位寄存器，它具有并行数据存取功能，也有数据左移和右移的功能。图 19.2 是 74LS194 芯片的管脚图。表 19.1 是 74LS194 芯片的功能表，表中列出了各管脚的名称和功能，与管脚图是对应的。

① 表中 L 表示低电平，H 表示高电平，↑ 表示时钟脉冲 CP 的上升沿，X 表示任意值。

② $\overline{CR}$ 是清零端，$\overline{CR}$ 为 L 时，所有触发器清零；$\overline{CR}$ 为 H 时，寄存器正常工作。

74LS175

Vcc	4Q	4$\overline{Q}$	4D	3D	3$\overline{Q}$	3Q	$\overline{CP}$
16	15	14	13	12	11	10	9

1	2	3	4	5	6	7	8
$\overline{R}_D$	1Q	1$\overline{Q}$	1D	2D	2$\overline{Q}$	2Q	GND

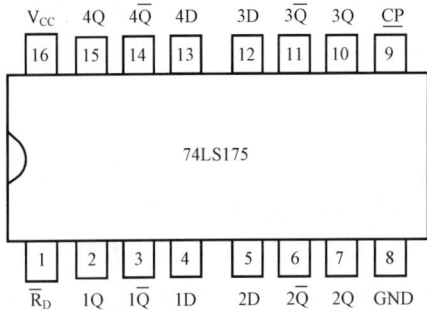

图 19.1　74LS175 管脚图

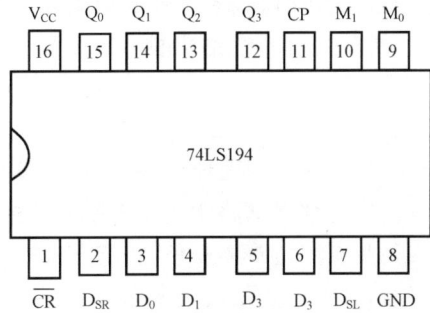

74LS194

Vcc	Q_0	Q_1	Q_2	Q_3	CP	M_1	M_0
16	15	14	13	12	11	10	9

1	2	3	4	5	6	7	8
$\overline{CR}$	D_{SR}	D_0	D_1	D_3	D_3	D_{SL}	GND

图 19.2　74LS194 管脚图

③ M_1 和 M_0 是控制信号,它们的高、低电平不同组合决定寄存器的不同功能。M_1 和 M_0 同为高电平时,是并行存数据方式;M_1 为 L、M_0 为 H 时,是数据右移方式,而最低位补入右移串行输入数据端 D_{SR} 的数据;M_1 为 H、M_0 为 L 时,是数据左移方式,而最低位补入左移串行输入数据端 D_{SL} 的数据;M_1 和 M_0 同时为低电平时,时钟脉冲 CP 被禁止,即不起作用。

表 19.1　74LS194 芯片的功能表

清零	控制信号		时钟	串行输入		并行输入				输出				工作状态
CR	M_1	M_0	CP	D_{SL}	D_{SR}	D_1	D_2	D_3	D_4	Q_1	Q_2	Q_3	Q_4	
L	X	X	X	X	X	X	X	X	X	L	L	L	L	清零
H	X	X	L	X	X	X	X	X	X	Q_{10}	Q_{20}	Q_{30}	Q_{40}	保持
H	H	H	↑	X	X	d_1	d_2	d_3	d_4	d_1	d_2	d_3	d_4	并存
H	L	H	↑	X	H	X	X	X	X	H	Q_{1n}	Q_{2n}	Q_{3n}	右移
H	L	H	↑	X	L	X	X	X	X	L	Q_{1n}	Q_{2n}	Q_{3n}	
H	H	L	↑	H	X	X	X	X	X	Q_{2n}	Q_{3n}	Q_{4n}	H	左移
H	H	L	↑	L	X	X	X	X	X	Q_{2n}	Q_{3n}	Q_{4n}	L	
H	L	L	X	X	X	X	X	X	X	Q_{10}	Q_{20}	Q_{30}	Q_{40}	时钟禁止

④ D_1,D_2,D_3,D_4 并行数据输入端子,D_{SR} 右移串行输入数据端,D_{SL} 左移串行输入数据端。

⑤ d_1,d_2,d_3,d_4 表示 D_1,D_2,D_3,D_4 端的稳态输入电平。

⑥ Q_{10},Q_{20},Q_{30},Q_{40} 是规定的稳态输入条件建立前 Q_1,Q_2,Q_3,Q_4 的电平。

⑦ Q_{1n},Q_{2n},Q_{3n},Q_{4n} 是时钟脉冲最近的上升沿前 Q_1,Q_2,Q_3,Q_4 的电平。

可见,74LS194 芯片的功能较为齐全,应用灵活,我们可以根据电路的设计要求,实现所需的电路功能。

五、注意事项

1. 实验中我们使用函数发生器的方波输出信号作为时钟脉冲,函数发生器方波信号与数字电路中的 CP 有所不同,一是其幅值可调,而 CP 的幅值在 5V 以下;二是其有正负双向幅值,而 CP 只有正向值。所以使用函数发生器的方波输出信号时,一方面要限制其幅值,用毫伏表监视时,读数不要超过 3.6V;另一方面为防止负向电压值对芯片 CP 端子的影响,可在 CP 端子前加串一个二极管。

2. "走灯"的显示采用实验板的发光二极管 LED,74LS175 和 74LS194 芯片的驱动能力足以带动几个 LED,所以可联结多组发光二极管。

六、实验内容及步骤

实验电路的功能要求:通过四个发光二极管或 n 组(每组四个)发光二极管显示电路的输出状态。当电路工作时,每组四个发光二极管从左到右(或从右到左)依次发亮,四个 LED 逐一亮过后,又周而复始循环。当发亮的二极管变化的速度与人眼反应相适应时,我们看到的是行走的灯,即"走灯"。"走灯"的速度与时钟脉冲频率有关,一般在 2~10Hz。增加一些外围元件(门电路),还可以增加"调头"功能(从左到右,再从右到左完成一个循环),或"自启动"功能(复位后,按一下启动开关,就按要求开始循环工作)。

1. 根据设计要求和个人兴趣,用 74LS175 芯片完成"走灯"功能的电路。
2. 根据设计要求和个人兴趣,用 74LS194 芯片完成"走灯"功能的电路。

预习时画出电路的连线图,并写出电路工作前,人为干预所需要的操作步骤。

七、实验报告要求及思考题

1. 简单地写出设计性、趣味性实验的体会。
2. 根据理论教学内容和你查找的资料,你还能用 74LS175 和 74LS194 芯片及一些门电路芯片完成哪些有实际意义的电路(如抢答器、数字钟等)?

实验 20　计　数　器

一、实验目的

1. 掌握触发器的逻辑功能和触发方式。
2. 掌握计数器的组成及逻辑功能的测试方法。

二、预习要求

1. 熟悉集成 JK 触发器(74LS73)、中规模计数器(74LS90)各管脚的功能及使用方法。

2. 复习二进制计数器、二-十进制计数器的工作原理,了解异步、同步工作方式的区别。

3. 熟悉时序逻辑电路的分析方法,自行分析图 20.3 和图 20.4 所示的计数器。

三、实验仪器

名　　称	型号及参数说明	数　　量
集成电路芯片	74LS112、74LS73、74LS90	各 2 片
双踪示波器	YB4325	一台
数字逻辑实验电路	14 脚插座,逻辑电平开关、数码显示等	一台
连续脉冲源	矩形脉冲 2^{10} Hz(1024 Hz)	一台

四、实验原理

双稳态触发器时序电路的基本单元,具有两个稳定状态("1"和"0")。在一定的外界信号作用下,触发器从一个稳定状态翻转到另一个稳定状态,在输入信号消失以后,它能够保持状态不变。利用触发器可以构成计数器、寄存器、存储器、分频器等实用电路。

(一) JK 触发器

在输入信号为双端的情况下,JK 触发器是一种功能完善、使用灵活和通用性较强的触发器。本实验采用 74LS73 双 JK 触发器(后沿触发),其引脚功能及逻辑符号见图 20.1。图中 $1\overline{R}_D$、$2\overline{R}_D$ 是直接置"0"端,输入一个负脉冲时,可使触发器置"0",常用在开始工作前预先使触发器清 0。在工作过程中,应使其为"1"状态。

计数器是实现计数功能的时序部件,它不仅可用来计脉冲数,还常用作数字系统的定时、分频和执行数字运算及其他特定的逻辑功能。

组成二进制计数器的逻辑电路种类较多。本实验用四个 JK 触发器组成异步二进制加法计数器,如图 20.2 所示。图中 J、K 悬空,相当于"1",具有计数功能;每来一个时钟脉冲,最低位触发器翻转一次,而高位触发器是在相邻的低位触发器从"1"变"0"进位时翻转。计数器从"0000"状态开始,当第 16 个计数脉冲到来后,计数器重新回到"0000"状态,它经过 16 个脉冲循环一次,故称为十六进制计数器(表 20.1)。

74LS73 pinout:

1J	$1\overline{Q}$	1Q	GND	2K	2Q	$2\overline{Q}$
14	13	12	11	10	9	8

74LS73

1	2	3	4	5	6	7
1CP	$1\overline{R}_D$	1K	V_{CC}	2CP	$2\overline{R}_D$	2J

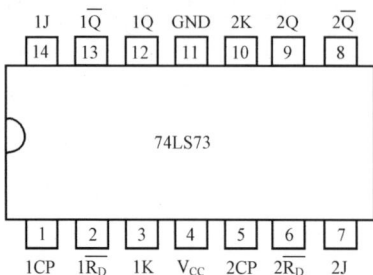

图 20.1　74LS73 双 JK 触发器

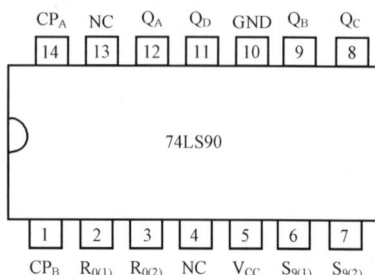

74LS90 pinout:

CP_A	NC	Q_A	Q_D	GND	Q_B	Q_C
14	13	12	11	10	9	8

74LS90

1	2	3	4	5	6	7
CP_B	$R_{0(1)}$	$R_{0(2)}$	NC	V_{CC}	$S_{9(1)}$	$S_{9(2)}$

图 20.2　74LS90 2-5-10 进制计数器

（二）74LS90 2-5-10 进制计数器

74LS90 是中规模计数器组件,其内部有两个独立的计数器,其引脚功能及逻辑符号见图 20.2。只输入计数脉冲 CP_A 时,由 Q_A 输出,为二进制计数器;只输入计数脉冲 CP_B 时,由 Q_D Q_C Q_B 输出,为五进制计数器。

十进制计数器可采用计数脉冲先二分频再五分频的方法。即计数脉冲输入 CP_A,Q_A 按二进制循环,Q_A 再输入到 CP_B,Q_D Q_C Q_B 按五进制循环。当第 10 个脉冲到来后,输出为"0000",故为 8421 码的十进制计数器。

表 20.1　74LS90 计数器逻辑功能表

置 0 端		置 9 端		Q_D	Q_C	Q_B	Q_A
$R_{0(1)}$	$R_{0(2)}$	$S_{9(1)}$	$S_{9(2)}$				
1	1	0	X	0	0	0	0
1	1	X	0	0	0	0	0
X	X	1	1	1	0	0	1
0	X	0	X				
X	0	X	0	计　数			
0	X	X	0				
X	0	0	X				

注:X 表示在任意状态。

五、注意事项

1. 集成片输出端不能直接接电源或地短路。不允许将集成片拔起,以免插反后损坏。

2. 74LS73 仅有置"0"功能,而 74LS90 有置"0"和置"9"功能。

3. 为便于接线和检查,用到多个芯片时,在图中要注明芯片编号及各引脚对应的编号。

4. 细心连接各电路,以免因连线的失误造成电路的工作状态出错。每次接线时应将电源关闭,不能带电改接线路。

六、实验内容及步骤

（一）JK 触发器逻辑功能的测试（未做实验 18 的选作）。

1. 选双 JK 触发器 74LS112 集成芯片（管脚排列见图 18.3），按图 20.3 所示的逻辑电路接线。置位端 $\overline{S}_D$、复位端 $\overline{R}_D$ 及输入端 J、K 分别接"逻辑电平"开关，输出端 Q 和 $\overline{Q}$ 分别接"电平显示"发光二极管，U_{CC} 端和 GND 端分别接 +5V 电源的正负两极，CP 端接手动单脉冲源。

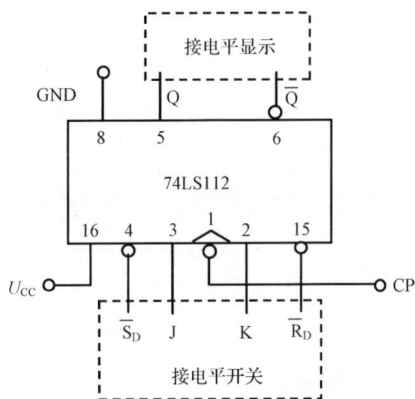

2. 检查电路无误后接通电源，按表 20.2 中给出的要求进行测试，观察手动脉冲 CP 变化后触发器的状态，记录测试结，并说明电路的逻辑功能。

图 20.3　JK 触发器电路

表 20.2　JK 触发器

预　置		初态	复　位		输　入		脉冲	现态	逻辑功能
$\overline{S}_D$	$\overline{R}_D$	Q_n	$\overline{S}_D$	$\overline{R}_D$	J	K	CP	Q_{n+1}	
0	1	1			X	X	X		
1	0	0			X	X	X		
1	0	0	1	1	X	X	↑		
0	1	1	1	1	X	X			
1	0	0	1	1	0	0	↓		
0	1	1	1	1	0	0			
1	0	0	1	1	0	1	↓		
0	1	1	1	1	0	1			
1	0	0	1	1	1	0	↓		
0	1	1	1	1	1	0			
1	0	0	1	1	1	1	↓		
0	1	1	1	1	1	1			

注：表中"X"指任意状态。Q_n 和 Q_{n+1} 的状态都是观察同一个逻辑电平指示。Q_n 表示 CP 脉冲后沿来之前原来的状态（即由 $\overline{R}_D$、$\overline{S}_D$ 预置的状态），Q_{n+1} 表示 CP 脉冲后沿来后现在的状态。

（二）异步二进制计数器

在实验板上选用两片 74LS73 双 JK 触发器，按图 20.4 接线构成异步二进制计数器。

1. 清零，将四个 JK 触发器的 CLR 接到同一逻辑电平开关上，先置"0"，再置"1"。

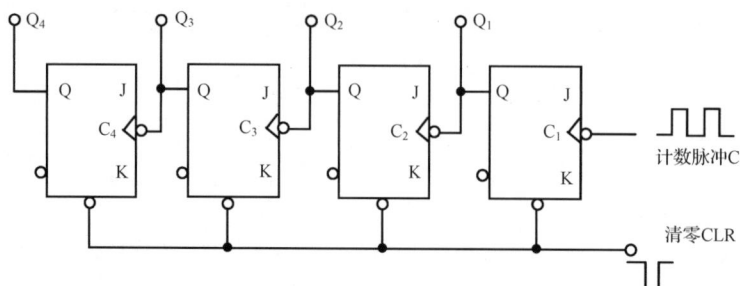

图 20.4　异步二进制加法计数器

2. 将触发器最低位的 C_1 接单次脉冲源,将低位触发器的 Q_1 接 C_2,以此类推。

3. 输出 Q_1、Q_2、Q_3、Q_4 分别接四个逻辑电平显示,同时将其再分别接到任意一组的译码显示输入端 A、B、C、D。

4. 手动输入单次脉冲,观察逻辑电平显示及数码管显示,将 Q_1、Q_2、Q_3、Q_4 的状态按序记录于表 20.3 中。

表 20.3

CP	Q_4	Q_3	Q_2	Q_1	十进制	CP	Q_4	Q_3	Q_2	Q_1	十进制
0						9					
1						10					
2						11					
3						12					
4						13					
5						14					
6						15					
7						16					
8											

5. 将单次脉冲改接为连续脉冲,选用频率为 2^{13} Hz(8492Hz),用示波器观察脉冲 CP 及 Q_1、Q_2、Q_3、Q_4 的波形,并对应画入图 20.5 中。

(三)中规模计数器 74LS90 的应用

1. 74LS90 芯片连接 5V 电源和地线,$R_{0(1)}$、$R_{0(2)}$ 和 $S_{9(1)}$、$S_{9(2)}$ 分别接逻辑电平开关,Q_A、Q_B、Q_C、Q_D 接逻辑电平显示。根据表 20.1 改变 74LS90 芯片置"0"、置"9"端状态,观察 Q_A、Q_B、Q_C、Q_D 的状态变化,验证置"0"、置"9"端的功能。

2. 用一片 74LS90 芯片按图 20.6(a)接线,四个输出端接到译码显示器上。在 CP_A 端送入单脉冲,验证其逻辑功能。

3. 用一片 74LS90 芯片按图 20.6(b)接线,其四个输出端接到译码显示器上。在 CP_A 端送入单脉冲,验证其逻辑功能。

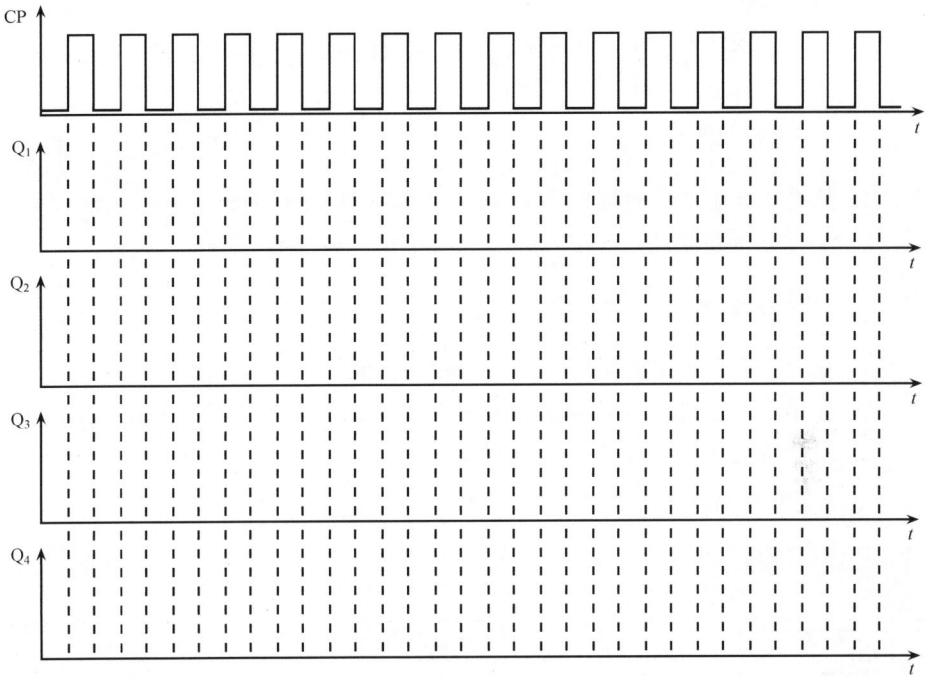

图 20.5

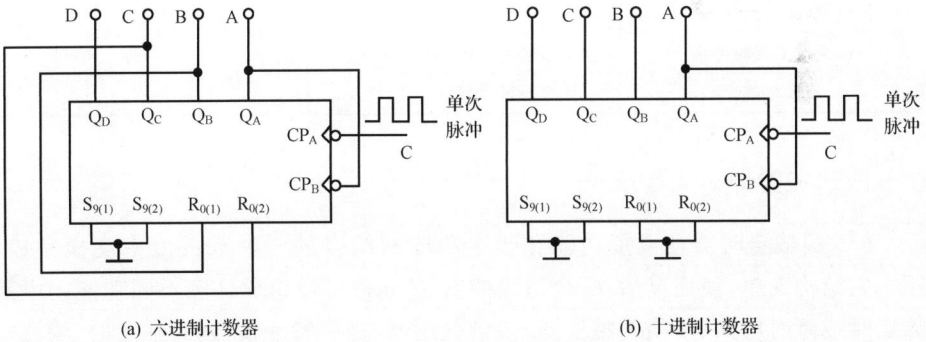

(a) 六进制计数器

(b) 十进制计数器

图 20.6

4. 以上两个步骤的线路不变,即用两片 74LS90 按 BCD 码接成六十进制计数器,其四个输出端分别接到 2 个译码显示器上。

七、实验报告要求及思考题

1. 列表整理图 20.6(a)的 6 进制计数器和图 20.6(b) 的十进制计数器的实验结果。

2. 组合逻辑电路与时序逻辑电路有何不同?

3. 总结触发器、计数器的逻辑功能。

实验 21   555 集成定时器及其应用

一、实验目的

1. 熟悉 555 集成定时器的电路结构、工作原理,学会对此芯片的正确使用。
2. 学会分析和测试 555 定时器构成的单稳态触发器、多谐振荡器。

二、预习要求

1. 复习 555 集成定时器的内部结构和工作原理。
2. 会用 555 定时器构成单稳态触发器和多谐振荡器,说明它们的工作原理。
3. 根据给定实验电路的参数,计算多谐振荡器产生方波的周期 $T(T_1 + T_2)$、频率 f 及单稳态触发器输出正脉冲的宽度 t_p,以便于与实验数据对照。

三、实验仪器

名　称	型号及参数说明	数　量
集成电路芯片	NE555	2 片
电阻、电容	按图 21.2 和图 21.3 参数	若干
双踪示波器	YB4325	一台
模拟技术实验电路	8 脚插座,数码显示器等	一台
连续脉冲源	矩形脉冲 2^{10} Hz(1024Hz)	一台

四、实验原理

　　555 集成定时器是模拟功能和数字功能相结合的一种双极型中规模集成电路。它结构简单,使用灵活,配合适当的 R、C 元件可以组成许多不同功能的电路,如定时或延时电路、单稳态触发器、多谐振荡器、施密特触发器等,在定时、检测、控制和报警等许多方面有着广泛的应用。常用的 555 定时器有双极型 TTL(如5G555)和单极型 CMOS (如 CC7555)两类,但它们的结构、工作原理基本相似,且外引线排列和功能完全相同(表 21.1)。

表 21.1　555 集成定时器的功能表

$\overline{R}_D$ 复位	TH 阈值输入	$\overline{TR}$ 触发输入	u_o 输出	T 放电管
0	×	×	0	导通
1	大于 $2/3U_{CC}$	大于 $1/3U_{CC}$	0	导通
1	小于 $2/3U_{CC}$	小于 $1/3U_{CC}$	1	截止
1	小于 $2/3U_{CC}$	大于 $1/3U_{CC}$	保持	保持

（一）555 集成定时器

555 定时器的内部电路结构和外引线排列如图 21.1 所示。电路由三个串联的 5kΩ 电阻（分压电路）、两个电压比较器、一个基本 RS 触发器和放电开关（晶体管 T）四部分组成。

本实验选用的 555 定时器集成芯片为 NE555，其各管脚的功能如图 21.1(b)。图 21.1(a) 为 555 定时器各个外引线的名称，其工作原理及用途参考教材相关内容。

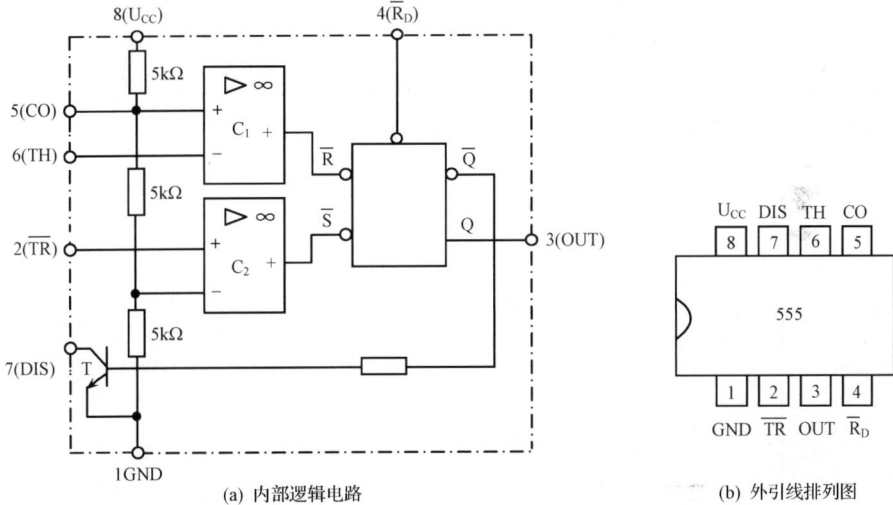

(a) 内部逻辑电路　　　　　　　　　　　　(b) 外引线排列图

图 21.1　555 集成定时器内部逻辑电路和外引线排列

（二）用 555 定时器组成多谐振荡器

如图 21.2 所示，R_1、R_2、C、C_0 为外接元件，电路没有稳态，仅存在两个暂稳态。电源接通后，电容 C 在 $\frac{1}{3}U_{CC}$ 和 $\frac{2}{3}U_{CC}$ 之间充电和放电。T_1 期间，电源通过 R_1、R_2 向 C 充电，$T_1 = 0.7(R_1 + R_2)C$；T_2 期间，C 通过 R_2 经放电端放电，$T_2 =$

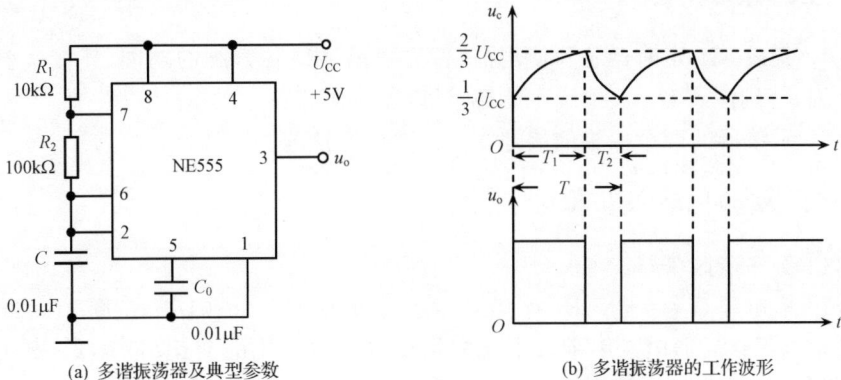

(a) 多谐振荡器及典型参数　　　　　　　　(b) 多谐振荡器的工作波形

图 21.2　555 集成定时器构成的多谐振荡器

$0.7R_2C$。故多谐振荡器的振荡周期为 $T=T_1+T_2=0.7(R_1+2R_2)C$。

　　555 电路要求 R_1 与 R_2 均大于或等于 $1\mathrm{k}\Omega$，但 R_1+R_2 小于或等于 $3.3\mathrm{M}\Omega$。外部元件的稳定性决定了多谐振荡器的稳定性，555 定时器配以少量的元件即可获得较高精度的振荡频率并具有较强的功率输出能力。利用多谐振荡器可以组成各种脉冲发生器(可产生方波、三角波、锯齿波等)、门铃电路、报警电路等。

　　(三) 用 555 定时器组成单稳态触发器

　　如图 21.3 所示，R、C、C_1 为外接元件，触发信号 u_i 由低电平触发端(2 脚)输入。输出的矩形脉冲的宽度为 $t_p=RC\ln3=1.1RC$，即暂稳态的持续时间 t_p 取决于 R、C 的大小。通过改变 R、C 的大小，可使延时时间在几个微秒到几十分钟之间变化。当这种单稳态电路作为计时器时，可直接驱动小型继电器。

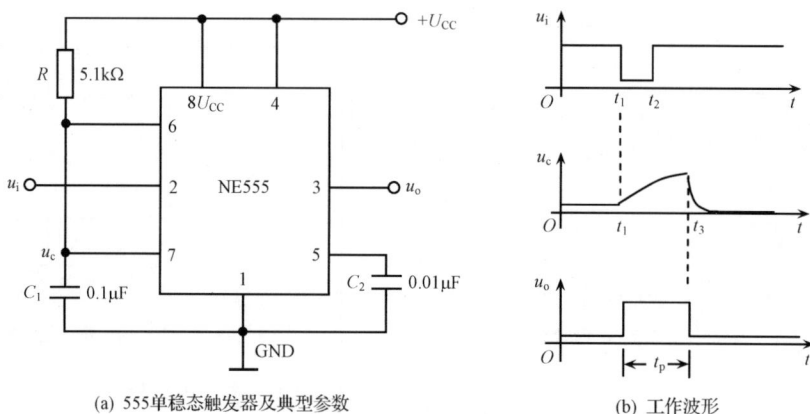

(a) 555单稳态触发器及典型参数　　　　(b) 工作波形

图 21.3　555 集成定时器构成单稳态触发器

　　单稳态触发器常用于脉冲整形、定时和延时等电路。一般取 $R=1\mathrm{k}\Omega\sim10\mathrm{M}\Omega$，$C>1000\mathrm{pF}$，只要满足 u_i 的重复周期大于 t_p，电路即可工作，实现较精确的定时。

五、注意事项

　　1. 集成 555 定时器芯片使用前，首先要搞清楚各管脚的功能，连接实验电路要仔细，特别注意 U_{CC} 及地线不能接错，以免烧坏芯片。

　　2. 示波器的两个探头的接地端一定要可靠接地。

六、实验内容及步骤

　　(一) 多谐振荡器

　　1. 取电源 $U_{CC}=5\mathrm{V}$，$R_1=10\mathrm{k}\Omega$，$R_2=100\mathrm{k}\Omega$，$C=0.01\mu\mathrm{F}$，按图 21.2 接好线路并检查无误后通电。用示波器观察输出波形占空比的变化，记录 u_c 及 u_o 的波形；测量 T_1、T_2 及 u_o 的频率，并与理论值比较。

　　2. 将 C 的值改为 $0.033\mu\mathrm{F}$，观察输出波形有何变化。

（二）单稳态触发器

1. 取电源 $U_{CC}=5V$，$R=5.1\text{k}\Omega$，$C=0.1\mu\text{F}$，$C_1=0.01\mu\text{F}$，按图 21.3 接好线路并检查无误后通电。

2. u_i 由 DY054-1T 接入 $2^{10}\text{Hz}(1024\text{Hz})$ 的矩形脉冲，保证 u_i 的周期大于 t_p。用双踪示波器观察并记录 u_i、u_c 及 u_o 的波形，在图中标出周期、幅值、脉宽等。测量 t_p 并与理论值比较。

*（三）应用电路（选作）

图 21.4 所示为 555 定时器构成的叮咚门铃电路。555 定时器和 R_1、R_2、R_3、C_2 组成多谐振荡器，按钮 A 未按下时，555 的复位端 4 接地，振荡器不工作；按下 A 后，+5V 电源通过二极管 D_1 为电容 C_1 充电，电压逐渐升为高电平，即 $\overline{R_D}=1$，振荡器工作，扬声器发声。因按钮 A 通过 D_2 将 R_1 短路，故振荡频率较高，发出"叮"声。放开按钮 A，C_1 上的电压使 $\overline{R_D}$ 维持高电平，振荡器继续工作，又因 R_1 串入电路，振荡频率较前变低，发出"咚"声。同时 C_1 上通过 R_4 放电，当 C_1 上 $\overline{R_D}=0$，振荡器停止工作。

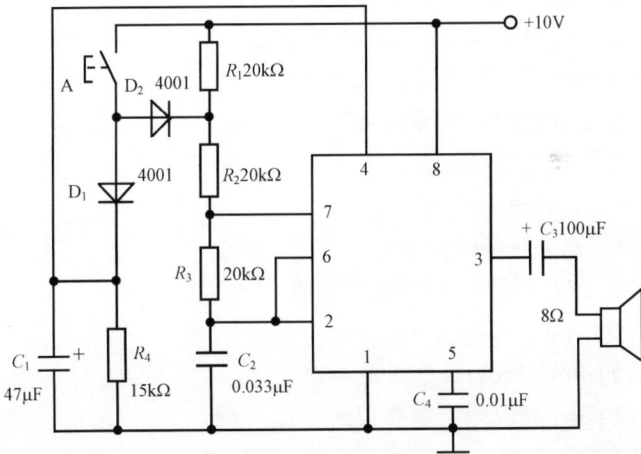

图 21.4　叮咚门铃电路

七、实验报告要求及思考题

1. 描绘多谐振荡器电路中电容器 C 充放电电压 u_c 与 u_o 的波形对应关系，以及单稳态触发器中 u_i 与 u_o、u_c 的对应关系波形图。

2. 将步骤 1、2 中测得的周期 T 以及正脉冲宽度 t_p 与计算值进行比较，分析误差原因。

3. 计算单稳态触发器的脉宽。怎样改变脉宽？

4. 多谐振荡器的脉冲宽度受哪些参数的影响？如何调整？

第三部分 电子实习

"电子实习"是电类和非电类学生电子技术课程的实践性教学环节,它强调了设计与实际应用的结合,涉及许多实际知识与技能,是对学生综合动手能力的一次检阅。

一、概述

(一)实习目的与要求

1. 电子实习的目的:通过对实际应用电路的制作,培养学生基本的实验制作技能,训练其实践动手能力,启发学生在实践活动中的工程意识。

2. 应达到的基本要求:

(1)学会应用现代设计手段,完成实习课题的设计。

(2)进一步熟悉常用电子器件的类型和特性。

(3)进一步熟悉电子仪器的正确使用方法。

(4)学会电子电路的安装与调试技能。

(5)培养学生独立分析和解决问题的能力。

(6)学会撰写实习总结报告。

(二)电子实习的教学过程

1. 图纸及印刷电路板的设计:

(1)学习电子辅助设计软件的使用,本书涉及的电子辅助设计软件是 Protel(后面有介绍)。

(2)利用 Protel 完成设计图纸的绘制。

(3)利用 Protel 完成印刷电路板的设计。

2. 制作印刷电路板。利用简易制板设备把自己设计的印刷电路板制作出来。

3. 安装及调试。

(1)利用制作完成的印刷电路板和必须的电子元器件,进行产品的焊接和安装(这里的产品指的是一个具有实用功能的制作)。

(2)对产品进行调试让它具备要求的功能。

4. 完成记录实习过程及心得的实习总结报告。

二、Protel 软件介绍

Protel 软件是澳大利亚 Protel 公司于 20 世纪 90 年代初开发的电子线路辅助设计软件包,随电子技术的发展和电子设计自动化(EDA)的提出,

Protel 的后期产品如 Protel 98/99/2000,已经集成了模拟仿真的模块,功能更加完善。

下面以 Protel 软件的初级产品(Protel-Schematic1.0、Protel-PCB1.5 均为汉化版本)为例,简单介绍软件的使用。

(一)原理图设计软件 Protel-Schematic 的使用

我们以实例形式讲解其基本使用方法。图 S2.1 为分压式偏置单管放大电路,可按以下步骤画出它(注:下划线描述的操作为菜单操作)。

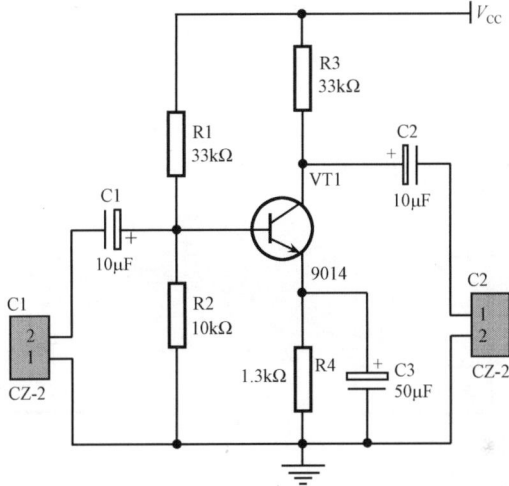

图 S2.1

1. 运行 Schematic Editor,点击 文件 → 新建文件,可打开编辑窗口。

2. 设置图纸大小。点击选项→设置图纸,可在相应打开的对话框中设置图纸大小,按从小到大顺序依次为 A4、A3、…、D、E。

3. 选取库文件,放置器件。库编辑工具栏位于主编辑窗口左侧,如图 S2.2 所示,按"添加/删除"按钮可进行选择元件库的操作,图中"当前器件库浏览"窗口中的器件即为当前选中库中的器件,选择合适的库及相应的器件,用鼠标点击"放置"按钮可以在图纸上放置器件。按图 S2.1 中要求,可选取电阻——R、电解电容——C-1、NPN 型晶体管——V-NPN,一一在图中摆放。

注:上述元件库中调出的元件是教师绘制的,若

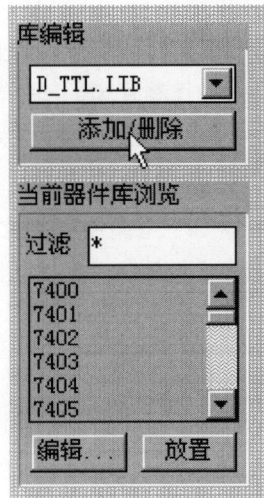

图 S2.2

使用软件自带库中的元件,调出的元件与图 S2.1 中的元件会有所不同,但不影响使用,只是符号上有所差异。

4. 画电路图。

(1) 调整器件位置。鼠标单击器件让器件处于选定状态——器件四周出现黑色虚线边框,再单击器件,可让器件粘连于鼠标的指示箭头之上,此时按空格键(Space)可以调整器件姿态(即器件的放置方向),在适当的位置点击鼠标,可以把器件放置于该位置。同样的方法还可以移动器件的标识和型号(器件周围的小字标识)。

(2) 绘图。在工具栏上相应位置点击绘图工具条按钮 ，可打开绘图工具条(图 S2.3),点击画线工具(放置电连接线)画线,然后在线路交叉处放上节点(放置电连接点),即可完成电路图的绘制。

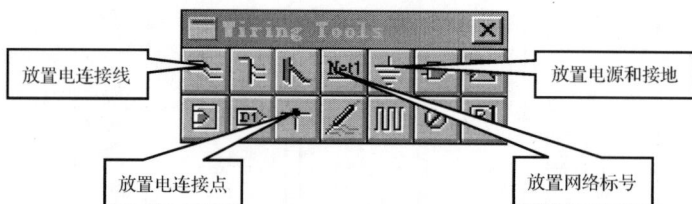

图 S2.3

(3) 编辑器件标号及参数。鼠标双击器件可进入器件标号及参数的编辑窗口,可根据窗口中各栏目前的提示设置参数,其间要特别注意器件封装(器件封装包含了器件的安装信息,如器件在电路板上占多大面积,管脚间距离多少等)的设置,一定要与印刷电路板设计软件库中的封装对应起来,即在该库中要能够找到该器件,并且有管脚的一一对应,否则不能实现印刷电路板的自动布线。以上工作完成后,电路图的绘制就基本完成了,剩下一点工作是把设计好的原理图输出成网络表,以便映射到印刷电路板设计软件中进行自动布线。

注意:电路中的"电源"和"接地"一定要用绘图工具条中放置电源和接地的工具放置,否则会在形成网络表时被软件自动编号成常规网络。

5. 形成网络表。

(1) 点击文件→建立网络表…,在弹出的窗口中选形成 Protel 网络表,点击OK 可以马上在新开的窗口中看到形成的网络表。

(2) 网络表结构。

```
[                          R4                      CZ-2                      R2-1
VT1   （器件编号）          1R-10                   ]                         VT1-B
1V-1  （器件封装）          1.3K                    [                         )
9014  （器件型号）          ]                       CZ2                       (
]                          [                        CZ-2A                     VCC_0
[                          C3                       CZ-2                      R1-1
R1                         2C-D6-3.5                ]                         R3-1
1R-10                      50U                      (                         )
33K                        ]                        N00001  （网络名）        (
]                          [                        C1-2    （电容 C1 的 2 脚）N00005
[                          C1                        CZ1-2   （插座 CZ1 的 2 脚）VT1-C
R2                         2C-D6-3.5                )                         R3-2
1R-10                      10U                       (                         C2-1
10K                        ]                        GND_0                     )
]                          [                         CZ1-1                     (
[                          C2                        ]                         N00006
R3                         2C-D6-3.5                 [                         VT1-E
1R-10                      10U                        C3-2                      R4-1
3.3K                       ]                         CZ2-2                     C3-1
]                          [                         R4-2                      )
[                          CZ1                        R2-2                      (
                           CZ-2A                      )                        N00007
                                                      (                         C2-2
                                                      N00003                    CZ2-1
                                                      C1-1                       )
                                                      R1-2
```

Protel 中的"网络"相当于我们课程里介绍的"结点"。网络表中前部分方括号内是器件特征描述，描述中前两行编号及封装非常重要，在网络表形成后，它们必须存在，否则印刷电路板设计软件无法找到相关器件的安装特征，就不能得到正确的设计结果。网络表后部分圆括号内是网络特征描述，它描述的是原理图中各器件管脚的连接关系。

关键操作：选取器件(单击器件)，移动及旋转器件(单击选定器件可做移动，单击选定器件再按 Space 键可旋转器件)，编辑器件参数(双击进入编辑窗口)，器件的放大、缩小(Page Up，Page Down)。

（二）印刷电路板设计软件 Protel-PCB 的使用

Protel 的印刷电路板设计软件可以用多种方式绘制电路板，包括自动、半自动和手动等，由于篇幅有限，这里仅介绍自动布线过程。

1. 运行 Protel for PCB，点击文件→新建 PCB 文件，打开 PCB 编辑窗口。

2. 加载器件库。点击库编辑→组件库管理…，加载库文件，库文件加载以后，可直接在该窗口中浏览器件封装（即外形），也可点击放置按钮在编辑窗口中放置器件（手动放置器件）。

　　注：加载的库必须包含有前面用到器件的封装，否则加载网络表时会出现封装丢失。

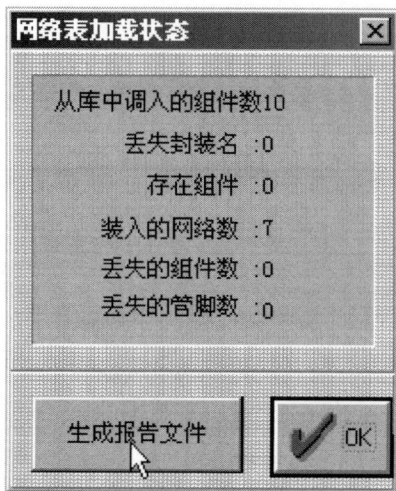

图 S2.4

3. 加载网络表。点击网络表→加载网络表…，屏幕打开网络表加载状态窗口，如图 S2.4 所示，观察网络表加载情况，若有网络或器件丢失，一定要点击"生成报告文件"按钮生成报告，然后重新打开电路原理图，对照报告检查电路原理图绘制情况。检查错误经过更正后，再形成新的网络表重复以上过程。若没有丢失情况则可以点击 OK 进入编辑状态，这时再点击工具条的"完整显示 PCB 图"工具按钮 ，就能够看到调入的器件与网络。

4. 摆放器件。

（1）选择编辑窗口最下方的工具条，点击展开（图 S2.5）选定禁止布线层，选择画线工具 ，划定线路板有效区域。

（2）铺开器件。点击自动→自动布局参数设置…，在出现的窗口中，选定"局部布局"，然后按"进行自动布局"按钮，可以看到器件已被散布于刚才划定好的有效区域中了。

（3）选取器件，对器件摆放位置进行调整。

① 移动单个器件。Ctrl＋鼠标点击，器件将粘连于鼠标箭头之上，按 Space 键可以调整器件姿态（即旋转器件），在合适的位置点击鼠标可放置器件于该位置。

② 成组移动器件。Shift＋鼠标点击可选定器件（选定的器件被点亮，再次操作可取消选定），选定多个器件，点击工具栏中的 按钮可移动所有选定的器件。

③ 以上移动单个器件的方法可用于器件标号及 PCB 板边框的移动，这样可以美化设计的视觉效果。

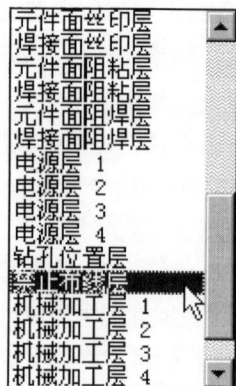

图 S2.5

5. 网络优化。点击网络表→优化网络表→优化所有网络(也可以选择优化某一条网络,或与某一个器件相连的网络。优化的目的在于要把点与点间的连线缩为最短,以提高布线成功率)。

6. 自动布线设置。点击自动→自动布线参数设置…,在展开的窗口中设置要进行布线的层面、线宽、布线时和布线后对线条的处理方法以及布线的算法(图 S2.6)。

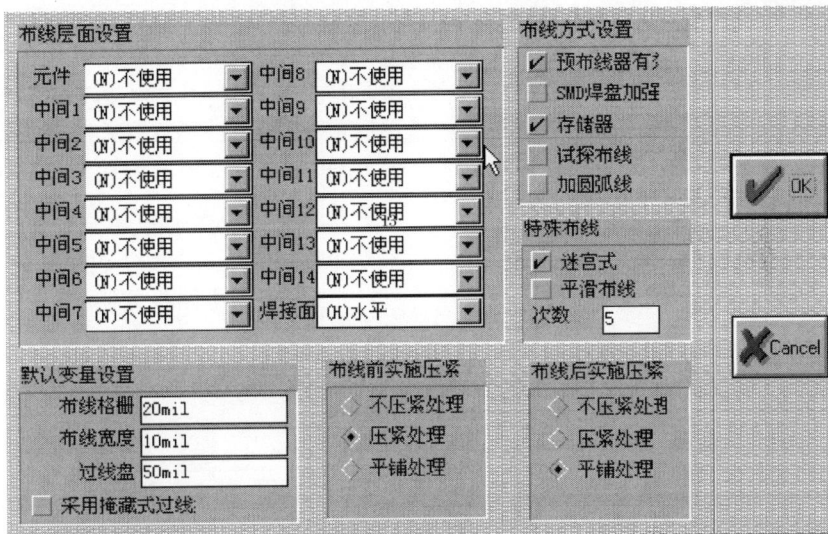

图 S2.6

注:布线层面设置中的"不使用"、"水平"、"垂直"、"不首选项"分别代表层面不使用、水平布线、垂直布线和不予规定合理进行水平及垂直布线。

7. 进行全自动布线。点击自动→自动布线→进行全部网络的自动布线,会进入电路的自动走线状态,屏幕上将出现显示线路布通情况及布通率的窗口,待布线完成后又会出现一个提示窗口,点击窗口中的 OK 按钮,待窗口关闭后就可以看到布线的结果了。

8. 查看布线结果。点击信息→PCB 图上的状态…,会出现显示 PCB 图线路布通情况的窗口,检查有多少线未布通。一般单面板都会有布不通的线,处理这些线,一般可调整不合理的器件摆放重新进行自动布线。

器件标注文字大小和位置的调整:

(1)调整位置。与调整器件的方法相同。

(2)调整标号及参数的大小尺寸。

① 单一调整。双击器件可进入编辑窗口(图 S2.7),按"组件编号(器件标号)"或"注释文字(器件参数)"按钮进入需调整的下一级编辑窗口,在窗口中可进行字号及字体的调整。

② 成组调整。双击一个器件进入组件编号或注释文字编辑窗口,调整字号及字

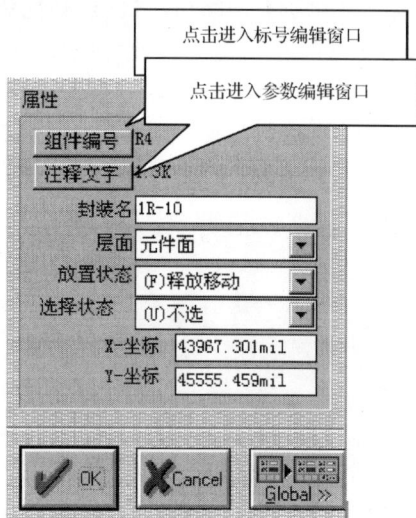

点击进入标号编辑窗口

点击进入参数编辑窗口

属性

组件编号 R4
注释文字 3K
封装名 1R-10
层面 元件面
放置状态 (F)释放移动
选择状态 (U)不选
X-坐标 43967.301mil
Y-坐标 45555.459mil

OK　Cancel　Global≫

图 S2.7

体,然后选择"全局"(Global)按钮,窗口展开如图 S2.8 所示,选定"修改全部匹配的"选项,点击 OK 后,你会发现电路中所有与该器件具有相同特征器件(与该器件用了相同的字号和字体)的组件编号和注释文字都已经按要求进行了调整。

关键操作:选定器件(Shift+鼠标点击),移动器件(Ctrl+鼠标点击粘连起器件后可移动器件;Ctrl+鼠标点击粘连起器件后,按 Space 键可旋转器件),编辑器件参数(双击进入编辑窗口),器件的放大缩小(Page Up、Page Down)。

至此,印刷电路板的制作就完成了。

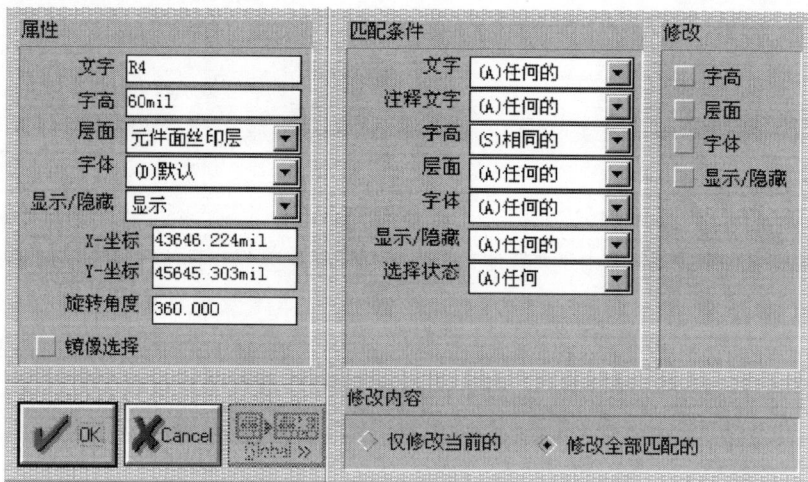

属性

文字 R4
字高 60mil
层面 元件面丝印层
字体 (D)默认
显示/隐藏 显示
X-坐标 43646.224mil
Y-坐标 45845.303mil
旋转角度 360.000
镜像选择

匹配条件

文字 (A)任何的
注释文字 (A)任何的
字高 (S)相同的
层面 (A)任何的
字体 (A)任何的
显示/隐藏 (A)任何的
选择状态 (A)任何

修改

字高
层面
字体
显示/隐藏

OK　Cancel　Global≫

修改内容

◇ 仅修改当前的　　◆ 修改全部匹配的

图 S2.8

三、印制电路板的制作

(一)印制电路板的一般制作方法

目前印刷电路板制作主要有两种工艺:化学蚀刻工艺和物理雕刻工艺。化学蚀刻工艺首先用难以腐蚀的物体覆盖在所需要的线路表面,然后整张线路板浸在腐蚀性液体中,经过一段时间,把不要的铜箔蚀去,经清洗、钻孔、烘干后便可制作成印刷电路板。保护层工艺大致分三种:油性丝网印刷、感光印刷和手工描板(或贴保护纸)。其中第一种工艺为批量生产工艺且精度低,不适合实验室用。第二种也为批量生产工艺,与第一种相比有很高的精度,虽然目前市场上已有空白感光板出售,但实用起来有点困难:一是曝光条件(需要黑暗环境)导致操作困难,二是曝光及显影时间难以控制。第三种对制作者熟练程度要求高,否则制作出的印刷电路板美观性差且制作周期长。

物理上的雕刻工艺,实际上是用计算机控制一个机器,比如一个小型铣床,利用机械切削原理,把覆铜板上不要的铜箔去掉,然后再经过钻孔把印刷电路板制作出来。这种方法一般一次性投资大,且由于机器本身原因会导致加工的印刷电路板精度不高,同时也不适合大批量生产。

(二)印制电路板的实验室制作

对于学生的电子实习,制作印刷电路板具有一定的批量,同时采用化学蚀刻工艺,这样其运行效率及成本都是合理的。印刷电路板保护层的制作不采用难以控制的感光印刷,而是利用热转印技术(精度要差一些)。制作过程如下:

1. 利用计算机把绘制好的印刷电路板图通过激光打印机打印在热转印纸上。印刷电路板的图样会以碳膜形式存在于热转印纸上。

2. 把热转印纸上的印刷电路板图通过热转印机转印到覆铜板上。

把打印好的热转印纸紧贴覆铜板,通过热转印机(中间有加热和滚压过程),此时热转印纸上的碳膜会附着在覆铜板上,相当于把覆铜板上需要保留的部分加了保护层。

3. 把印刷电路板裁下放入腐蚀槽腐蚀掉没用的铜箔。

把加了保护层的覆铜板放入腐蚀槽(槽中有三氯化铁腐蚀溶液),经过一段时间,覆盖有碳膜的地方有抗腐蚀能力被保留了下来,其余部分则被腐蚀掉了,覆铜板上剩下的就是电路。

4. 取出印刷电路板,用清水洗去腐蚀液。

由于腐蚀液对其他物品也具有腐蚀性,比如人的皮肤、衣服等,所以印刷电路板取出后一定要用清水洗去残余的腐蚀液。

5. 在印刷电路板上钻孔。

出于安放器件的需要,印刷电路板必须进行打孔处理。打孔信息来源于设计好的印刷电路板图,腐蚀好的电路板焊盘中间的圆点即为打孔位置。

6. 在印刷电路板上涂助焊剂。

为了方便焊接,可以在印刷电路板上涂上助焊剂,一般可用松香的酒精溶液进行涂抹以达到目的。

至此印刷电路板就制作完成了。

四、安装调试

经过以上工作,现在可以利用印刷电路板及配好的器件进行产品的安装调试了。下面简述的是安装调试的基本过程。

（一）安装

1. 清点并查对器件。清点器件数目，看是否有标注不清楚的器件（如色环电阻），或坏的器件（如二极管和三极管等）。某些器件的查对可能要借助仪器，如用万用表测量标注不清的电阻的阻值，二极管的极性等。

2. 安插器件。根据设计把器件安插在印刷电路板上。为了不把安插位置搞错，可以把设计好的印刷电路板的元件面打印出来进行对照。

（二）焊接器件

1. 清除元件表面的氧化层。元件经过长期存放，会在表面形成氧化层，不但使元件难以焊接，而且影响焊接质量，故当元件表面存在氧化层时，应将其清除。清除时注意用力不能过猛，以免元件引脚受伤或折断。清除元件表面的氧化层的方法是（图 S4.1）：左手捏住电阻或其他元件的本体，右手用锯条轻刮元件引脚的表面，左手慢慢地转动，直到表面氧化层全部去除。

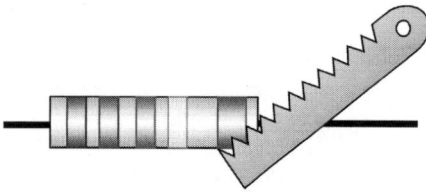

图 S4.1　清除元件表面的氧化层

2. 元件引脚的弯制成形和元件的识别。左手用镊子紧靠电阻的本体，夹紧元件的引脚（图 S4.2），使引脚的弯折处距离元件的本体有 2mm 以上的间隙。左手夹紧镊子，右手食指将引脚弯成直角。弯制后的形状见图 S4.3，引脚之间的距离，根据线路板孔距而定，引脚修剪后的长度约为 8mm。

大约2mm

镊子

弯后有间隙，正确

弯后无间隙，错误

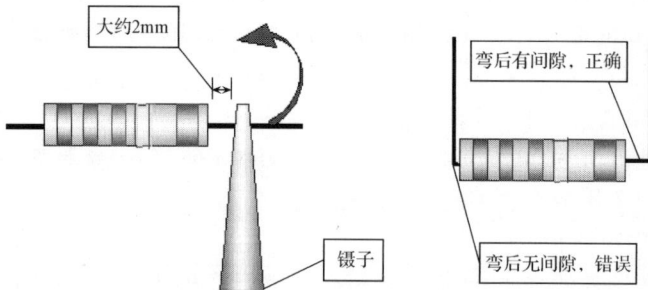

图 S4.2　元件引脚的弯制成形

如果孔距较小，元件较大，应将引脚往回弯折成形［图 S4.3(c)、(d)］。电容的引脚可以弯成直角，将电容水平安装［图 S4.3(e)］，或弯成梯形，将电容垂直安装［图 S4.3(h)］。二极管可以水平安装，当孔距很小时应垂直安装［图 S4.3(i)］，为了将二极管的引脚弯成美观的圆形，应用螺丝刀辅助弯制（图 S4.4）。将螺丝刀紧靠二极管引脚的根部，十字交叉，左手捏紧交叉点，右手食指将引脚向下弯，直到两引脚平行。

元器件做好后应按规格型号的标注方法进行读数。将胶带轻轻贴在纸上，把元器件插入，贴牢，写上元器件规格型号值，然后将胶带贴紧备用（图 S4.5）（注意：

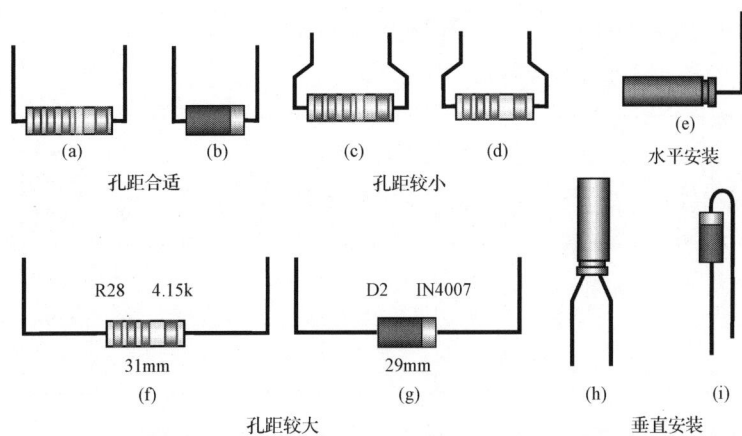

(a) (b) 孔距合适 (c) (d) 孔距较小 (e) 水平安装

R28　4.15k
31mm
(f) 孔距较大

D2　IN4007
29mm
(g)

(h) (i) 垂直安装

图 S4.3　元件弯制后的形状

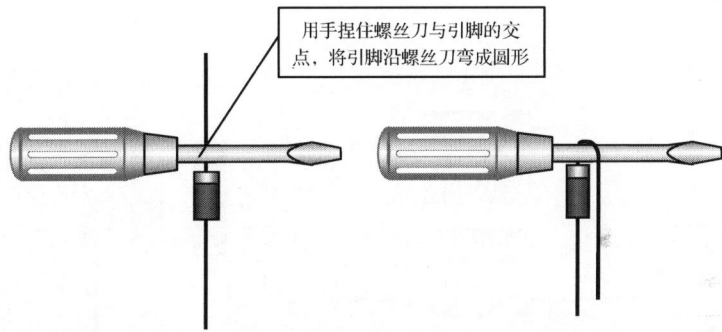

用手捏住螺丝刀与引脚的交点，将引脚沿螺丝刀弯成圆形

图 S4.4　用螺丝刀辅助弯制

不要把元器件引脚剪太短）。

在图 S4.5 中的"?"处填上数字代替色环表示的电阻值。色环颜色的含义见表 S4.1。

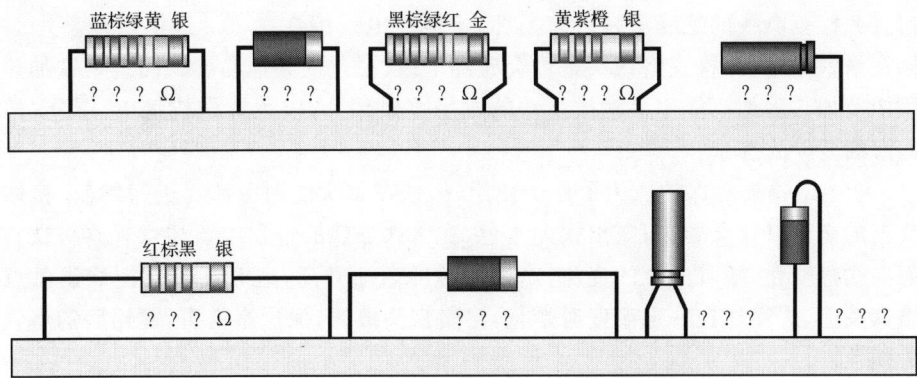

蓝棕绿黄　银　　黑棕绿红　金　黄紫橙　银
? ? ? ? Ω　　? ? ?　　? ? ? Ω　　? ? ? ? Ω　　? ? ?

红棕黑　银
? ? ? Ω　　　　? ? ?　　　? ? ?　　? ? ?

图 S4.5　元器件制成后标注规格型号备用

表 S4.1　色标含义

有效 数字	银	金	黑	棕	红	橙	黄	绿	蓝	紫	灰	白	无色
	—	—	0	1	2	3	4	5	6	7	8	9	—
倍率	10^{-2}	10^{-1}	10^0	10^1	10^2	10^3	10^4	10^5	10^6	10^7	10^8	10^9	—
允许 偏差 /%	±10	±5	—	±1	±2	—	—	±0.5	±0.2	—	±0.1	+50 −20	±20

3. 元器件的插放。将弯制成型的元器件对照图纸插放到线路板上[注意：一定不能插错位置；二极管、电解电容要注意极性；电阻插放时要求读数方向排列整齐，横排的必须从左向右读，竖排的从下向上读，保证读数一致(图 S4.6)]。

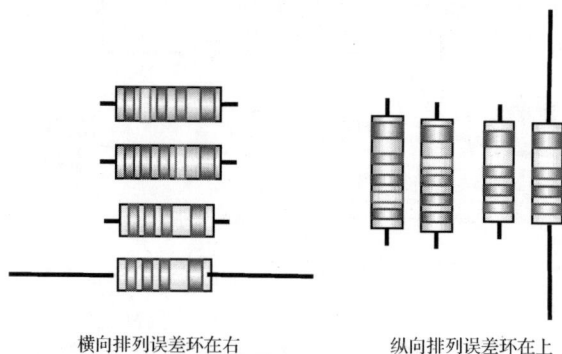

横向排列误差环在右　　　　纵向排列误差环在上

图 S4.6　电阻色环的排列方向

4. 电烙铁的使用。焊接前一定要注意,烙铁的插头必须插在右手的插座上,不能插在靠左手的插座上(如果是左撇子插在左手)。烙铁通电前应将烙铁的电线拉直并检查电线的绝缘层是否有损坏,不能使电线缠在手上。通电后应将电烙铁插在烙铁架中,并检查烙铁头是否会碰到电线、书包或其他易燃物品。烙铁加热过程中及加热后都不能用手触摸烙铁的发热金属部分,以免烫伤或触电。烙铁架上的海绵要事先加水。

(1) 烙铁头的保护。为了便于使用,烙铁在每次使用后都要进行维修,将烙铁头上的黑色氧化层锉去,露出铜的本色,在烙铁加热的过程中要注意观察烙铁头表面的颜色变化,随着颜色的变深,烙铁的温度渐渐升高,这时要及时把焊锡丝点到烙铁头上,焊锡丝在一定温度时熔化,将烙铁头镀锡,保护烙铁头,镀锡后的烙铁头为白色。

(2) 烙铁头上多余锡的处理。如果烙铁头上挂有很多的锡,会不易焊接,可在烙铁架中带水的海绵上或者在烙铁架的钢丝上抹去多余的锡。不可在工作台或者其他地方抹去。

　　练习时应注意不断总结,把握加热时间和送锡多少,不可在一个点加热时间过长,否则会使线路板的焊盘烫坏。注意焊点应尽量排列整齐,以便前后对比,改进不足。

　　焊接时先将电烙铁在线路板上加热,大约 2s 后,送焊锡丝,观察焊锡量的多少,不能太多,会造成堆焊;也不能太少,会造成虚焊。当焊锡熔化,发出光泽时焊接温度最佳,应立即将焊锡丝移开,再将电烙铁移开。为了在加热中使加热面积最大,要将烙铁头的斜面靠在元件引脚上(图 S4.7),烙铁头的顶尖抵在线路板的焊盘上。焊点高度一般在 2mm 左右,直径应与焊盘相一致,引脚应高出焊点大约 0.5mm。

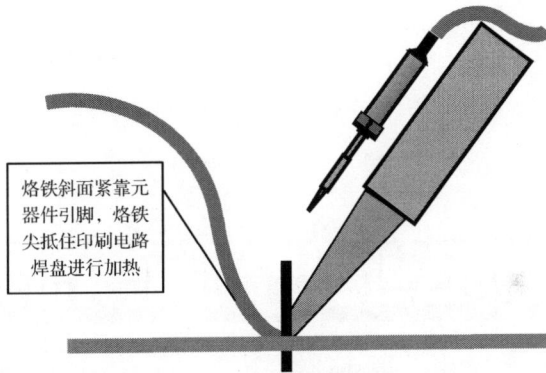

烙铁斜面紧靠元器件引脚,烙铁尖抵住印刷电路焊盘进行加热

图 S4.7　焊接时电烙铁的正确位置

　　5. 焊点的正确形状。焊点的形状如图 S4.8 所示,焊点(a)一般焊接比较牢固;焊点(b)为理想状态,一般不易焊出这样的形状;焊点(c)焊锡较多,当焊盘较小时,可能会出现这种情况,但是往往有虚焊的可能;焊点(d)、(e)焊锡太少;焊点(f)提烙铁时方向不合适,造成焊点形状不规则;焊点(g)烙铁温度不够,焊点呈碎渣状,这种情况多数为虚焊;焊点(h)焊盘与焊点之间有缝隙为虚焊或接触不良;焊点i引脚放置歪斜。焊点(c)~(i)都是不正确的形状,元件多数没有焊接牢固,一般为虚焊点,应重焊。

　　焊点俯视的正确形状见图 S4.9,焊点(a)、(b)形状圆整,有光泽,焊接正确;焊点(c)、(d)温度不够,或抬烙铁时发生抖动,焊点呈碎渣状;焊点(e)、(f)焊锡太多,将不该连接的地方焊成短路。焊接时一定要注意尽量把焊点焊得美观牢固。

　　6. 元器件的焊接。在焊接练习板上练习合格,对照图纸插放元器件,用万用表校验,检查每个元器件插放是否正确、整齐,二极管、电解电容极性是否正确,电阻读数的方向是否一致,全部合格后方可进行元器件的焊接。

　　焊接完后的元器件,要求排列整齐,高度一致(图 S4.10)。为了保证焊接的整齐美观,焊接时应将线路板架在焊接木架上焊接,两边架空的高度要一致,元件插好后,要调整位置,使它与桌面相接触,保证每个元件焊接高度一致。焊接时,电阻不能离开线路板太远,也不能紧贴线路板焊接,以免影响电阻的散热。

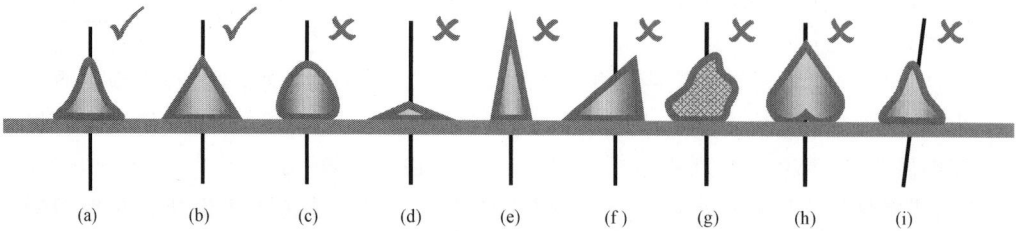

图 S4.8　焊点的形状

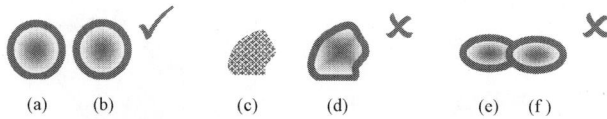

图 S4.9　焊点的形状(俯视)

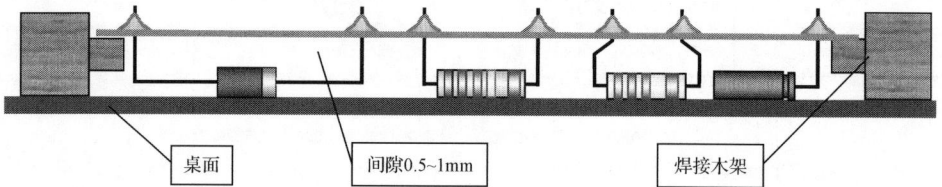

桌面　　　间隙0.5~1mm　　　焊接木架

图 S4.10　元器件的排列

7. 错焊元件的拔除。当元件焊错时,要将错焊的元件拔除。先检查错焊的元件应该焊在什么位置,正确位置的引脚长度是多少,如果引脚较短,为了便于拔出,应先将引脚剪短。在烙铁架上清除烙铁头上的焊锡,将线路板绿色的焊接面朝下,用烙铁将元件脚上的锡尽量刮除,然后将线路板竖直放置,用镊子在黄色的面将元件引脚轻轻夹住,在绿色面,用烙铁轻轻烫,同时用镊子将元件向相反方向拔出。拔出后,焊盘孔容易堵塞,有两种方法可以解决这一问题:①用烙铁稍烫焊盘,用镊子夹住一根废元件脚,将堵塞的孔通开;②将元件做成正确的形状,并将引脚剪到合适的长度,镊子夹住元件,放在被堵塞孔的背面,用烙铁在焊盘上加热,将元件推入焊盘孔中。注意用力要轻,不能将焊盘推离线路板,使焊盘与线路板间形成间隙或者使焊盘与线路板脱开。

(三) 调试

1. 目测常规器件的安装。观察是否有因大意造成的错误,如用错电阻阻值、接错二极管和电解电容极性等。

2. 检查电源是否正常接入,产品是否满足设计要求。先用万用表检查输入是否有短路或阻抗过低问题,若没有问题就可对产品进行通电检查,检查时若电源正常引入,又没有发现其他器件的异常情况(如器件过热等问题),就可以进行产品功能检查,看它是否满足设计要求。满足设计要求说明安装是成功的,若出现问题,则必须再做下一步检查。

3. 一般性故障检查。一般小产品的制作,按照一定的规程进行,应该说成品率是比较高的,但也不排除某些原因导致产品功能不正常。遇到这些问题,一般可对产品做以下检查(当然检查还要结合产品原理,不能盲目进行):

(1) 检查器件是否存在安放错误。这里应该借助一些仪器、仪表,以一定的方法检查错误。因为器件的安放前面已经目测过了,再目测就不再具有意义了,以下检查也是一样。

(2) 检查焊点是否存在虚焊问题。

(3) 检查相邻焊点是否有短路可能。

(4) 检查器件是否有损坏。

产品经过以上检查及故障的处理,一般都能达到设计要求,但对器件是否损坏的检查,带有一定的复杂性,因为器件的损坏可能是人为的,也可能是器件本身存在质量问题,需要对器件特性非常熟悉,才能发现问题。

五、实习选题

(一) 带过流保护可调直流稳压电源(图 S5.1)

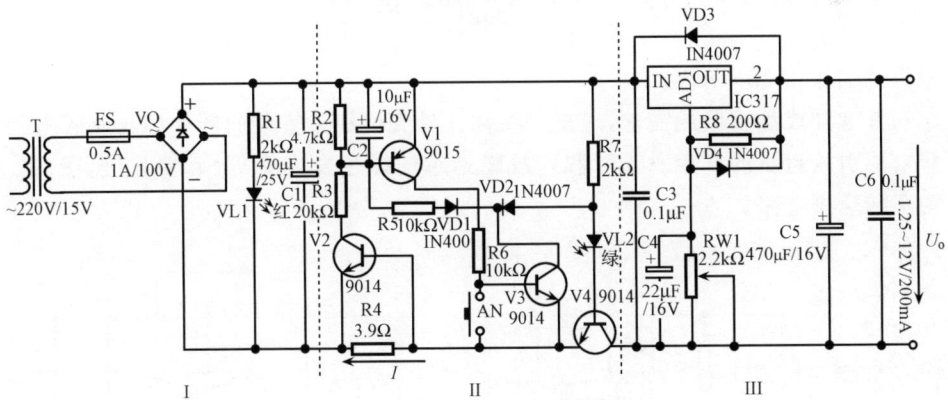

图 S5.1　带过流保护可调直流稳压电源

1. 整流滤波电路。

通过二极管单向导电作用,把由变压器得到的交流 15V 电压,变换成脉动直流电压,再经过电容滤波电路,把脉动直流电压变换成较为平缓的直流电压。

电路中红色二极管为电源接入指示,点亮为正常情况。

2. 保护电路。

通过二极管钳位及三极管互锁作用完成。

电源在正常工作情况下(工作电流 $I<200\text{mA}$),采样电阻 $R4$ 上电压 $U_{R4}=I\times3.9<0.7\text{V}$,三极管 V2 不导通,V1、V3 截止,V4 饱和导通,导通压降很小($\leqslant0.4\text{V}$),流过负载的电流可正常通过 V4 流回电源形成通路。

若电源工作过程中出现过载或短路($I\geqslant200\text{mA}$),则 $U_{R4}\geqslant0.7\text{V}$,三极管 V2 导通,导致 V1 导通,跟随而来的是 V3 得到偏置后饱和导通,此时由二极管 VD2 的钳位作用导致 V4 基极电压低于 0.7V 截止,由于 V4 处于主回路当中,它一关断,相当于负载就再也得不到电流,从而实现了过载或过流保护作用,这时伴随有绿色发光二极管 VL2 熄灭的动作,V1、V3 导通的结果是形成强烈的正反馈,而使两管一直处于导通状态。注意 VL2 熄灭这是一个提示,即绿色发光二极管熄灭,说明电源过载,应采取相应的措施(比如检查是否有短路或过负载情况,并加以解决),以保证电源正常工作。

电路中解除保护是通过操作按钮"AN"(注意:电路保护以后若不手动干预,电路将始终处于保护状态),按下"AN"相当于是让 V3 基极接地,此时 V3 截止,VD2 截止,V4 恢复导通,这时只要不过流可保证 V2、V1 处于截止状态,电路恢复正常。

3. 调压电路。

主要通过三端可调集成稳压电路 LM317 实现。

LM317 的主要特性是 1、2 端电压恒定为 1.25V,在 1、2 端接一个固定电阻 R_8,可在电阻 R_8 上形成恒流,于是 2 端对地的电压为(1 端电流很小):

$$U_\circ = 1.25\left(1+\frac{R_{\text{w1}}}{R_8}\right)$$

调压范围为 $1.25\sim15\text{V}$。

考虑到成品安装的需求,应把一些需在外壳面板上安装的器件摆放成插座(如作电源引入指示的红色发光管和作故障指示的绿色发光管等)以便连接,图 S5.2 为实际应用电路。

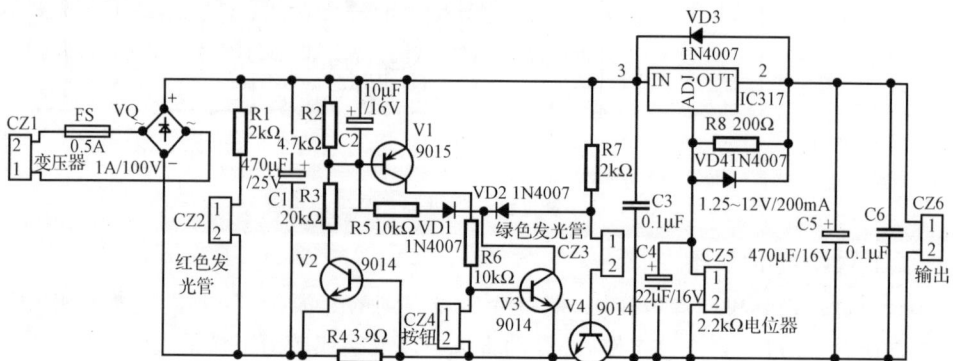

图 S5.2

（二）带充电功能的可调直流稳压电源

1. 调压电路。

电路如图 S5.3 所示，电压调节主要由 LM317 完成，具体原理可参照上一选题（带过流保护可调直流稳压电源）的相关内容。

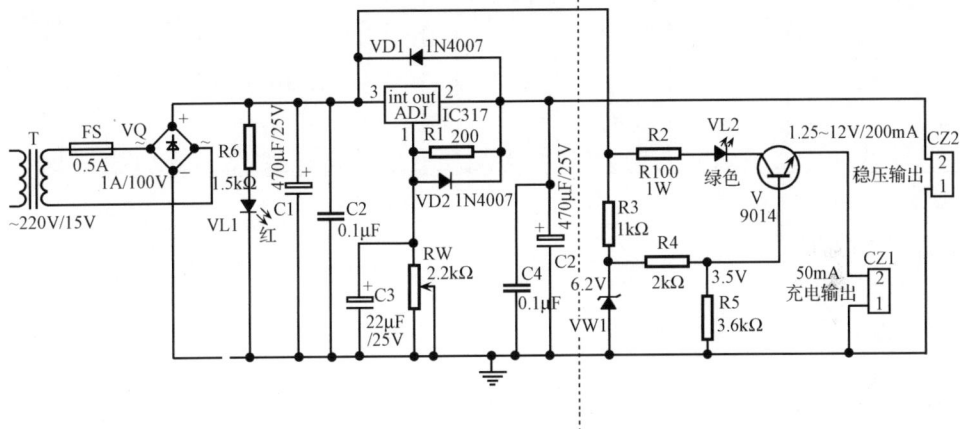

图 S5.3

2. 充电电路。

充电采用恒压形式。电源直接取自整流滤波输出（LM317 前一级），又通过 R3 和 VW1 组成的稳压电路为晶体管 V 提供固定偏置，偏置电压经电阻分压后为 3.5V，此电压再经晶体管 V 发射结 0.7V 降压，可以为电池组提供 2.8V 的稳定充电电压；电流由晶体管 V 提供，经电阻 R2 和 VL2 的限流，可为充电电池组提供约 50mA 的充电电流（电流会随充电电池组电压的建立有所下降）。

充电时间可以按下式核算：

充电时间＝电池标称安时数/充电电流

例如，500mAh 电池，利用本充电装置充电（约 50mA），按上式计算可知充电时间需要 10h，考虑到电池充电后期，充电电流会略有下降，充电时间可稍微延长一些，如延长至 12～14h。实际上由于电路为恒压形式，又设置有限流电路，故没有过冲问题，时间再延长些，也不会对电池造成损坏。

同样考虑到成品安装的需求，把一些需在外壳面板上安装的器件摆放成插座后，实际应用电路如图 S5.4 所示。

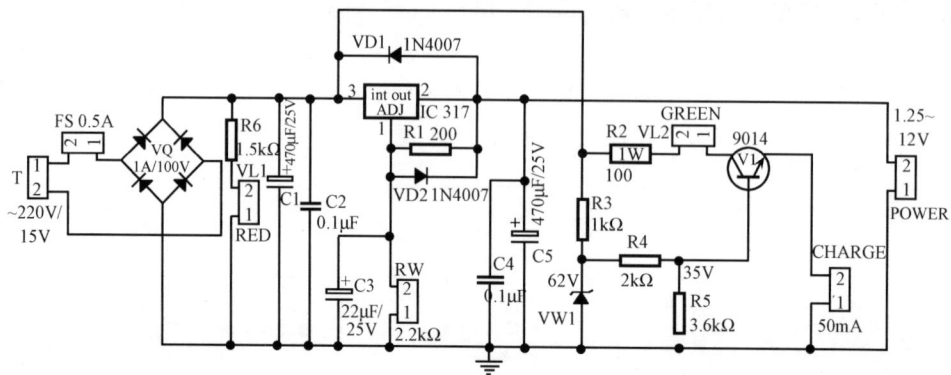

图 S5. 4

第四部分　附　　录

附录 1　指针式万用表使用说明

VC3010 型和 VC3021 型模拟指针式万用表是手持式磁电整流系多量程电气测量仪表。可以测量直流电压、直流电流、中频交流电压、音频电平、直流电阻、三极管放大倍数等电气物理量和元件参数。

一、主要技术特性

1. 测量范围：

(1) 直流电流(DCA)：$50\mu A$ ，$0.5/5/50/500mA$，$10A$(3010 型)；

　　　　　　　　　　$50\mu A$，$2.5/25/250mA$，$10A$(3021 型)。

(2) 直流电压(DCV)：$2.5/10/25/50/250/1000V$(3010 型)；

　　　　　　　　　　$0.11/0.5/2.5/10/50/250/1000V$(3021 型)。

(3) 交流电压(ACV)：$10/50/250/1000V$(两种型号相同)。

(4) 直流电阻(Ω)：$\times 1/\times 10/\times 100/\times 1k/\times 10k\Omega$(3010 型)；

　　　　　　　　　$\times 1/\times 10/\times 100/\times 1k/\times 100k\Omega$ (3021 型)。

(5) 音频电平(dB)：$-10 \sim +22dB$。

(6) 三极管电流放大倍数(h_{FE})：$0 \sim 1000$。

(7) 二极管参数测量(LI)：只有 VC3021 型万用表才具备该功能。

2. 测量精度：

(1) 直流电流(DCA)：相对全刻度范围$\pm 3\%$。

(2) 直流电压(DCV)：相对全刻度范围$\pm 3\%$。

VC3021 型的 0.1V 量程精度较低，相对全刻度范围$\pm 5\%$。

(3) 交流电压(ACV)：相对全刻度范围$\pm 4\%$。

二、面板简介

如图 F1.1 所示，圆圈内的数字所指面板示意图中的旋钮或转换开关等的标号意义如下：

① 表笔插孔：面板标识 COM，测量的公共端，黑色表笔的插入孔。

② 表笔插孔：面板标识 VΩmA(3010 型)或 AVΩ(3021 型)，测量直流电压、交流电压、直流小电流、直流电阻时，红色表笔的插孔。

③ 表笔插孔：面板标识 DC10A(3010 型)或 10A MAX(3021 型)，测量直流

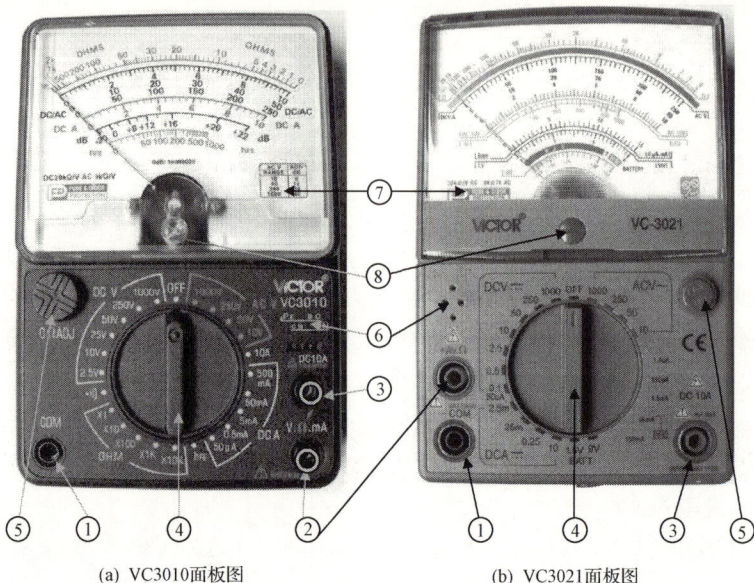

(a) VC3010面板图　　　　(b) VC3021面板图

图 F1.1

大电流(10A)时,红色表笔的插孔。

④ 转换开关:用以选择测量对象和测量对象的量程。

⑤ 电阻调零旋钮:面板标识 0ΩADJ,用以在测量直流电阻前,将两表笔短路,调节直流电阻值的零点。

⑥ 三极管管脚插孔:面板标识 PCBE NEBC,用以测量三极管的参数,P 指 PNP 型三极管,N 指 NPN 型三极管,C、B、E 是三极管的三个管脚。

⑦ 万用表显示表盘:表盘上有各测量对象的量程刻度,根据表针偏转的角度,可读出测量值的读数。

⑧ 表针机械零点调节器:用以调节表针与左侧刻度起始点对齐的程度。

三、使用方法

1. 表针零点位置的调整。将万用表放置水平位置,检查指针是否在刻度线的起始点上,如果不在,则旋转零点调节器,使指针与刻度线的起始点重合。

2. 直流电压测量。将转换开关置于 DCV 范围,选择合适的量程:被测电压值尽量接近所选量程,使表针有较大的偏转;若无法估计被测电压的大小,可先选最大的电压量程,再逐步降低量程直至合适的挡位。黑表笔接被测电路的低电位端,红表笔接高电位端,接反时表针会反偏。3010 型万用表从 DC/AC 刻度线读取读数,3021 型万用表从 DCV.A～ACV 刻度线读取读数。

3. 交流电压测量。与直流电压测量类似,将转换开关置于 DCV 范围,选择合适的量程。一般情况下测量时表笔不必考虑电位的高低。

3010 型万用表也是从 DC/AC 刻度线读取读数,3021 型万用表从 DCV. A～ACV 刻度线读取读数。万用表交流电压挡的刻度是根据正弦交流电压的有效值划分的,非正弦交流电压的有效值不能从表盘上直读。

4. 直流电流的测量。将转换开关置于 DCA 范围,选择合适的量程。测电流时,万用表与被测电路串联,让直流电流从红表笔进,黑表笔出,否则表针会出现反偏。3010 型万用表也是从 DC/AC 刻度线读取读数,3021 型万用表从 DCV. A～ACV 刻度线读取读数。测直流电流有一个大电流挡(10A),此时红表笔要插在 DC10A 或 10AMAX 插孔中。

5. 直流电阻的测量。将转换开关置于 OHM 或 Ω 范围。将表笔短路观察表针是否在 0Ω 刻度上(表盘右边),若不是,调节电阻调零旋钮,使表针与 0Ω 刻度基线重合。测量被测电阻(注意:不能测量带电电阻),从 OHM 或 Ω 刻度线读取电阻值。电阻挡的选取应注意使表针处于表盘的中部,这样的读数比较准确。另外测量电阻时,需要使用万用表内部的电池,如果调零时表针无法与 0Ω 刻度基线重合,说明表内电池电压不足。表内电池的正极接 COM 孔(黑表笔),负极接 V ΩmA或 AVΩ 孔(红表笔)。

6. 二极管和三极管的测量。

(1) 3010 型万用表只能测量三极管的电流放大倍数 h_{FE} 值(教材中一般称为 β 值)。将转换开关置于 h_{FE} 挡,在将已知管型(PNP 或 NPN)和管脚极性的三极管的管脚,按万用表面板上插孔的标注插入,从 h_{FE} 刻度线读出被测三极管的 h_{FE} 值。

(2) 3021 型万用表测量二极管和三极管的参数的功能较多:

① 测量三极管的电流放大倍数 h_{FE} 值的功能与 3010 型万用表类似,注意选择测量挡位和找准插孔。

② 测量三极管集、射极之间的穿透电流 I_{CEO}。将转换开关置于电阻挡的 ×10、×100、×1k 范围,对于 NPN 管黑表笔接集电极,红表笔接发射极,对于 PNP 管红表笔接集电极,黑表笔接发射极,从刻度盘上的 ICEO 刻度线读出 I_{CEO} 的数值。选×10、×100 挡时穿透电流单位为 mA,选×1k 挡时穿透电流单位为 μA。

③ 测量二极管的正向电流 I_F、反相电流 I_R 和管压降 V。将转换开关置于电阻挡,并选择合适的范围,这时×10 挡对应 150mA 挡,×100 挡对应 15mA 挡,以此类推。测正向电流时,红表笔接二极管负极,黑表笔接正极,从 LI 刻度线读出被测二极管的 I_F 值,同时从 LV 刻度线读出被测二极管此时的正向管压降;测反向电流时,红表笔接二极管正极,黑表笔接负极,从 LI 刻度线读出被测二极管的 I_R 值,但 I_R 值很小,一般选×100k(1.5μA)挡。

万用表其他测量功能在实验中使用不多,故不逐一介绍。

四、注意事项

为了测量时获得良好的效果并防止由于使用不当造成万用表的损坏，在使用万用表时，应注意下列事项：

1. 在测试过程中，不能旋转旋钮或扳动开关，特别是在测量大电流或高电压时，严禁带电转换量程。

2. 当被测电压或电流不能确定其大概数值时，应将量程转换开关选择到最大量程的位置上，再逐渐降低量程，使表针处于最大偏摆位置（但不能超限）。

3. 测量直流电流时，仪表应与被测电路串联，禁止将两表笔跨接在被测电路两端（形成并联），万用表电流挡内阻很小，并联在被测电路两端时，将形成很大的电流，损坏仪表。

4. 测量电路中的电阻值时，应将被测电阻从电路中断开，既要断开电源也要断开被测电阻与其他元件的连接。若有电容与被测电阻连接时，应事先将电容放电。切勿在电阻带电的情况下测量电阻。

5. 仪表使用完毕后，将转换开关置于"OFF"位。

6. 每次测量前，要确认万用表测量对象和范围设置正确与否，表笔的测试点是否有误。

7. 勿在超过 3kV 电压的线路上使用该万用表；在测量交流 30V 和直流 60V 及以上电压时，请注意安全。

8. 测量时，手不要触及表笔的金属部分；在手湿或潮湿环境请勿使用该表。

附录 2　DF1930A 交流毫伏表使用说明

DF1930A 全自动数字交流毫伏表采用单片机控制技术，集模拟和数字技术于一体，是一种通用型智能化的全自动数字交流毫伏表。适用于测量频率 5Hz～2MHz、电压 100μV～300V 的正弦波有效值电压。具有测量精度高、测量速度快、输入阻抗高、频率影响误差小等优点，具备自动/手动测量功能，同时显示电压值和 dB/dBm 值，以及量程和通道状态，显示清晰直观，使用方便。

一、技术参数

1. 交流电压测量范围：100μV～300V。

2. dB 测量范围：−80～50dB(0dB＝1V)。

3. dBm 测量范围：−77～52dBm(0dBm＝1mV，600Ω)。

4. 量程：3mV，30mV，300mV，3V，30V，300V。

5. 频率范围：5Hz～2MHz。

6. 电压测量误差（以 1kHz 为基准，在 20℃环境温度下）：

50Hz~100kHz	±1.5%读数±8 个字
20Hz~500kHz	±2.5%读数±10 个字
5Hz~2MHz	±4.0%读数±20 个字

7. dB 测量误差：±1 个字。

8. dBm 测量误差：±1 个字。

9. 输入电阻：10MΩ；输入电容：不大于 30pF。

二、面板说明

面板图见图 F2.1。图中各按键、端口及显示屏等功能介绍如下：

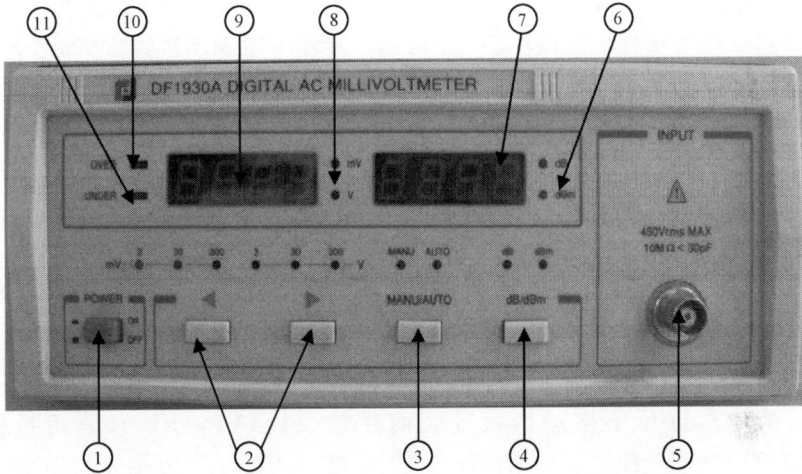

图 F2.1　DF1930A 全自动数字交流毫伏表面板示意图

① 电源开关按键。面板标识为 POWER，按下该按键，电源接通后毫伏表可以工作，该键弹起时电源断开。

② 量程切换按键。面板标识为"◀"和"▶"，用于手动测量时量程的切换。按一次带"◀"标志的按键，仪表的量程降低一挡；按一次带"▶"标志的按键，仪表的量程升高一挡，同时按键上方对应的发光二极管（LED）将显示当前量程。自动测量时这两个按键无效。

③ 手动/自动测量选择按键。面板标识为 MANU/AUTO，按本键可以选择手动或者自动量程转换方式，每按该键一次，手动或自动方式变换一次，按键上方对应的 LED 将显示当前的量程转换方式。开机后，毫伏表处于手动量程转换方式。实验中，一般选用自动方式。

④ dB/dBm 显示方式选择按键。面板标识为 dB/dBm，按本键可以选择显示dB 或 dBm 的方式，每按该键一次，dB 或 dBm 显示方式变换一次，按键上方对应的 LED 发光将表明当前的显示方式。

⑤ 被测信号输入通道。面板标识为 INPUT,该端口通过输入电缆线将被测信号引入毫伏表。端口的输入电阻为 $100M\Omega$,输入电容不大于 $30pF$。

⑥ dB/dBm 显示值单位指示灯。面板标识为 dB 和 dBm,发光的 LED 表明当前测量信号 dB/dBm 值的单位。

⑦ 被测信号 dB/dBm 值显示屏。由四个 LED 数码管构成,被测信号的 dB/dBm 值在此显示。

⑧ V/mV 显示值单位指示灯。面板标识为 V 和 mV,发光的 LED 表明当前测量信号 V/mV 值的单位。

⑨ 被测信号 V/mV 值显示屏。由四个 LED 数码管构成,被测信号的 V/mV 值在此显示。

⑩ 超量程指示灯。面板标识为 OVER,量程采用手动选择方式时,输入被测信号高于选择量程,此灯亮,说明超量程;量程采用自动选择方式时,输入被测信号高于 $300V$,此灯亮,说明超量程。

⑪ 欠量程指示灯。面板标识为 UNDER,量程采用手动选择方式时,输入被测信号低于选择量程,此灯亮,说明欠量程;量程采用自动选择方式时,输入被测信号低于 $3mV$,此灯亮,说明欠量程。

三、注意事项

1. 本毫伏表在测量输入信号时,输入信号的地(低电位点)可接毫伏表外壳(GND,接地),也可不接毫伏表外壳而浮置(FLOAT,浮地),这由后面板上 FLOAT/GND 开关控制。一般情况下 FLOAT/GND 开关为接地,实验中被测电路的接地点与毫伏表共地。个别实验须采用浮地方式测量电压,请注意信号电缆红色和黑色鳄鱼夹的接法如图 F2.2 所示。

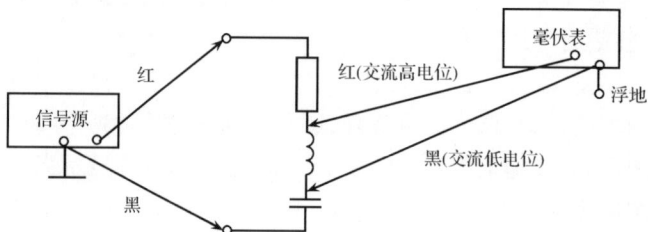

图 F2.2　毫伏表浮地方式测量电压接线图

2. 接线时注意应先将信号电缆线黑色鳄鱼夹与被测电路接地端(或交流低电位点)相接,再将信号电缆线红色鳄鱼夹与被测电路的被测电压点(或交流高电位点)相接,拆线顺序则相反。

3. 实验中,毫伏表的量程选择方式最好为自动方式,避免手动方式时超量程或欠量程的情况。而且在手动选择方式条件下,不同的量程测得的电压值读数不同,相差较大。

附录 3   DF1641A 函数发生器使用简介

DF1641A 函数发生器是具有高度稳定性、多功能等特点的信号源。能直接产生正弦波、三角波、方波、锯齿波、脉冲波等信号波形,频率范围为 0.1～2MHz,并可输出 TTL/COMS 脉冲信号。输出信号幅值可调,空载时峰-峰值为 20V。面板上的频率计可作仪器本身输出信号的频率显示,也可测外部输入信号的频率。

一、技术指标

1. 频率范围:$0～2Hz/2～20Hz/20～200Hz/200Hz～2kHz/2～20kHz/20～200kHz/200kHz～2MHz$(共分为七挡)。

2. 输出波形:正弦波、三角波、方波、正向或负向的脉冲波、正向或负向的锯齿波。

3. 方波前沿:$\leqslant 100ns$。

4. 正弦波:

失真	10Hz～100kHz	$\leqslant 1\%$
频率响应	0.1Hz～100kHz	$\not> \pm 0.5dB$
	100kHz～2MHz	$\not> \pm 1dB$

5. TTL/CMOS 输出:

电平　　TTL 脉冲波低电平不大于 0.4V,高电平不小于 3.5V;

　　　　COMS 脉冲波低电平不大于 0.5V,高电平 5～14V 连续可调。

上升时间　不大于 100ns

6. 电压输出:

阻抗	$50\Omega \pm 10\%$
幅度	不小于 $20V_{P-P}$(空载峰峰值)
衰减	20dB,40dB(即衰减 10 倍,100 倍)
直流	$0～\pm 10V$,连续可调

7. 对称度调节范围:90∶10～10∶90。

8. 频率计:

测量范围	1Hz～10MHz
输入阻抗	不小于 $1M\Omega/20pF$
最大输入	150V(AC+DC),(带衰减器)
输入衰减	20dB
测量误差	不大于 $3\times 10^{-5}\pm 1$ 个字

9. 电源适应范围压:220V±10%。

频率　50±2Hz

功率　10VA

二、面板说明

面板如图 F3.1 所示,图中各旋钮、按键等功能介绍如下:

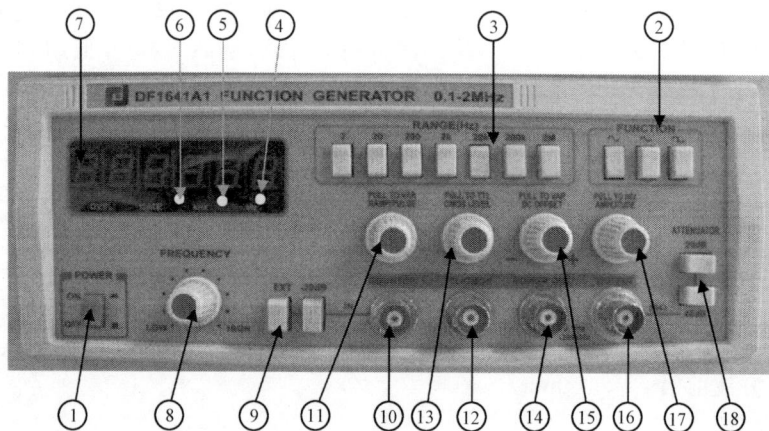

图 F3.1　DF1641A 函数发生器面板示意图

① 电源开关按键。面板标识为 POWER,按下该按键,电源接通后函数发生器可以工作。

② 波形选择按键。面板标识为 FUNCTION,根据三个按键上方标出的波形符号,可以选择正弦波、三角波、方波等输出波形。

③ 频段选择按键;面板标识为 RANGE(Hz),根据七个按键上方标出的频段值,可选择 2、20、200、2k、20k、200k、2M 等信号的频率范围。与频率选择旋钮⑧配合,可获得较准确的信号频率。

④ 频率单位 LED 显示。面板标识为 Hz,此 LED 亮时,频率计显示数值的单位是 Hz。

⑤ 频率单位 LED 显示。面板标识为 kHz,此 LED 亮时,频率计显示数值的单位是 kHz。

⑥ 闸门 LED 显示。面板标识为 GATE,此 LED 闪烁时,表明频率计在工作。

⑦ 频率计数值显示屏。有六个 LED 数码管,所有信号源内部产生的信号频率和外测信号频率的数值均在此显示。

⑧ 频率调节旋钮。面板标识为 FREQUENCY,此旋钮是频率微调旋钮,与③配合,调节信号源输出信号的频率。

⑨ 外接输入和衰减 20dB 按键。面板标识为 EXT 和－20dB,按下 EXT 按键频率计显示外测信号频率,EXT 键弹起频率计显示函数发生器输出信号(内测信

号)的频率;按下-20dB按键时,外测信号幅值衰减10倍(-20dB)。

⑩ 计数器输入端口。面板标识为COUNTER,外测信号频率时,信号通过电缆线由此输入,同时将EXT按键⑨按下。

⑪ 锯齿波、脉冲波调节旋钮。面板标识为PULL TO VAR RAMP /PULSE,拉出此旋钮可以改变输出波形的对称性,使得输出的锯齿波上升和下降斜率可调或方波的占空比可调;而当此旋钮为推进位置时,输出信号为对称波形(即锯齿波为三角波,方波占空比为50%)。

⑫ TTL/CMOS脉冲输出端口。面板标识为TTL/CMOS OUT,该端口可输出TTL脉冲(幅值约为3.6V)或CMOS脉冲(幅值可调,最大值约为15V)。

⑬ TTL/CMOS脉冲选择和调节旋钮。面板标识为PULL TO TTL CMOS LEVEL,拉出该旋钮时,TTL/CMOS脉冲输出端口⑫输出TTL脉冲波;推进该旋钮时,TTL/CMOS脉冲输出端口输出幅值可调的CMOS脉冲波。

⑭ 功率输出端口。面板标识为POWER OUT,该端口输出信号功率较高,输出阻抗低,通过各个旋钮调节,此端口可输出各种频率、幅值可调的正弦波、三角波、脉冲波等,信号的频率范围为0.1~200kHz。实验中一般不使用该端口的输出信号。

⑮ 直流偏置调节旋钮。面板标识为PULL TO VAR DC OFFSET,拉出此旋钮可设定各个波形的直流工作点,顺时针方向为调高,逆时针方向为降低;若此旋钮为推进位则直流工作点电位为零。

⑯ 信号输出端口。面板标识为OUT PUT,各种输出波形由该端口输出,输出阻抗50Ω,作为信号源,该输出端口带载能力较POWER OUT端口差,但输出信号频率范围较OUT PUT端口宽。实验中,该端口是常用信号输出端口。

⑰ 幅度调节旋钮及波形倒置开关。面板标识为PULL TO INV AMPLTTUDE,该旋钮为推进位置时可调节输出信号的幅度大小;该旋钮拉出时,与锯齿波、脉冲波调节旋钮⑪配合使用,可使输出波形反相。

⑱ 输出衰减按键。面板标识为ATTENUATOR,分别按下20dB和40dB按键可产生10倍和100倍衰减,同时按下20dB和40dB按键可产生1000倍(-60dB衰减)。

三、注意事项

1. 电缆线接TTL/CMOS脉冲输出端口⑫、功率输出端口⑭、信号输出端口⑯时,函数发生器作为信号源使用,电缆线的正(红色鳄鱼夹)负(黑色鳄鱼夹)极不能短接,操作过程中要注意,正负极不能相碰。

2. 电缆线接计数器输入端口⑩时,函数发生器作为频率计使用,要按下"外接输入"按键,按下"衰减20dB"按键的作用是防止外输入信号幅值过高损坏设备。在我们的实验中一般不使用这个计数器功能。

3. 要输出信号时，必须按下波形选择按键②中的一个并按下频段选择按键③中的一个，才有信号输出。

4. 仪器使用完毕后，要将所有按键弹起，旋钮逆时针旋转到底。

附录4 YB4325 型双踪示波器的使用说明

YB4325 型双踪示波器为一便携式晶体管类型的示波器，并带有屏幕 CRT 读出功能。它能够在屏幕上同时显示两个波形，可以方便、准确地测量信号的频率、相位和电压值。该示波器也可以任意选择某通道独立工作，进行单线显示。

一、面板上各控制键的作用说明

图 F4.1 中圆圈中的数字对应于操作面板示意图中端口、旋钮、按键等的标号。

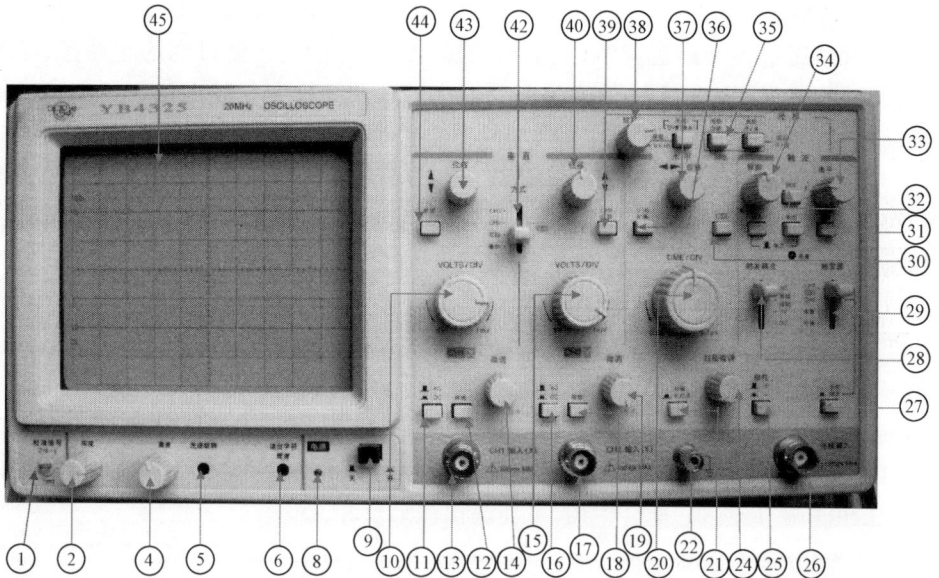

图 F4.1 YB4325 型双踪示波器操作面板图

1. 示波管电路：

⑨ 电源开关。面板标识为 POWER，按下电源开关按键，接通电源，示波器可开始工作；电源开关按键弹出即为示波器为关闭状态。

⑧ 电源指示灯。面板标识为电源，当电源接通时，指示灯应发亮。

② 辉度旋钮。面板标识为辉度，用于改变屏幕上的光点或扫描线的亮度。将该旋钮顺时针方向旋转，亮度增强。

④ 聚焦旋钮。面板标识为聚焦，用于调节屏幕上的光迹，使之达到最细、最清晰。

⑤ 光迹旋转调节螺丝。面板标识为光迹旋转,用于调节扫描线与水平刻度的平行程度(实验中,一般不使用)。

⑥ 读出字符辉度调节螺丝。面板标识为读出字符辉度,用于调节读出字符和光标的亮度(实验中,一般不使用)。

① 校准信号输出端子。面板标识为校准信号,此端口提供频率为 1kHz,峰-峰值(V_{P-P})为 2V 的方波信号,用于校准 Y 轴的灵敏度和 X 轴的扫描速度。

2. 垂直方向部分:

⑬ 通道 1 输入端口。面板标识为 CH1 输入(X),用于垂直方向的信号 1 输入;在 X-Y 方式时,作为 X 轴输入端。

⑰ 通道 2 输入端口。面板标识为 CH2 输入(Y),用于垂直方向的信号 2 输入;但在 X-Y 方式时,作为 Y 轴输入端。

⑪、⑯ 交流-直流耦合转换按键。面板标识为(AC、DC),是输入信号与垂直放大器耦合方式选择开关。按键弹起时,为交流耦合(AC),输入信号经电容与放大器输入端耦合,屏幕上只显示输入信号的交流分量;按下按键时,为直流耦合(DC),输入信号与放大器输入端直接耦合,屏幕上输入信号的交流分量和直流分量同时显示。按键⑪为通道 1 信号的转换按键,按键⑯为通道 2 信号的转换按键。

⑫、⑱ 接地耦合方式按键。面板标识为接地,该按键按下时,垂直放大器的输入端接地,输入信号无法显示,屏幕上出现扫描线;该按键弹起时,输入信号才能通过交流或直流耦合方式接入垂直放大器,在屏幕上正常显示。按键⑫为通道 1 信号的接地按键。按键⑱为通道 2 信号的接地按键。

⑩、⑮ 灵敏度选择旋钮。面板标识为 VOLTS/DIV,用于选择不同的灵敏度挡级,以观察幅值不同的各种信号。共分为:5V、2V、1V、0.5V、0.2V、0.1V、50mV、20mV、10mV、5mV、2mV、1mV 共 12 挡。这个旋钮是一个无止点旋钮,顺时针旋转,灵敏度挡位减小,反之增大,不论逆转或正转到底,灵敏度挡位都不再发生变化,此时务必不要继续旋转这个旋钮。灵敏度挡位的具体数值在屏幕最下面显示,如"50mV"、"1mV"等。如果使用的探极衰减为 10:1,计算时需将信号幅度乘 10。旋钮⑩是通道 1 信号的灵敏度选择旋钮,旋钮⑮是通道 2 信号的灵敏度选择旋钮。

⑭、⑲ 灵敏度微调旋钮。面板标识为微调,用于连续改变 Y 轴放大器的增益,屏幕上输入信号的幅度增大。顺时针方向旋到底时,处于校准位置。只有灵敏度微调旋钮处于校准位置时,才能根据屏幕上信号纵向所占的格数和灵敏度值计算信号的幅值。灵敏度微调旋钮处于非校准位置时,在屏幕下方的灵敏度挡位显示的前面将出现">"号。旋钮⑭是通道 1 信号的灵敏度微调旋钮,旋钮⑮是通道 2 信号的灵敏度微调旋钮。

㊹ 断续工作方式按键。面板标识为断续,该按键弹起,扫描时间≤2ms 时,CH1、CH2 两个通道信号的显示按交替方式工作;扫描时间≥5ms 时,CH1、CH2 两个通道信号的显示按断续方式工作,断续频率约为 250kHz。在交替扫描时,如

果需要"断续"方式,可按下此开关强制实现。交替方式工作时屏幕右下角显示"ALT"字样,断续方式工作时屏幕右下角显示"CHOP"。

⑩、⑬ 垂直移位旋钮。面板标识为位移,可调节 CH1、CH2 通道信号光迹在屏幕垂直方向上的位置。旋钮⑩是 CH2 通道信号光迹的垂直移位旋钮,旋钮⑬是 CH2 通道信号光迹的垂直移位旋钮。

⑫ 垂直方式工作开关。面板标识为方式,这是一个四位的拨动开关,用以选择垂直方向的工作方式。

当开关位于通道 1(CH1)时,屏幕上仅显示 CH1 的信号,并且在屏幕下方显示通道 1 的灵敏度数值及单位。

当开关位于通道 2(CH2)时,屏幕上仅显示 CH2 的信号,并且在屏幕下方显示通道 2 的灵敏度数值及单位。

当开关位于双踪(DUAL)时,屏幕上同时显示 CH1 和 CH2 的信号(即双踪信号),屏幕下方显示通道 1 和 2 的灵敏度数值及单位。

当开关位于叠加(ADD)时,显示 CH1 和 CH2 输入信号的叠加波形。同时屏幕下方显示的通道 1 和 2 的灵敏度数值及单位之间出现一个"+"号。

㊴ CH2 极性选择按键。面板标识为 CH2 反相,按下此开关,屏幕所显示的 CH2 通道的信号为其反相以后的波形,并且在屏幕下方的通道 2 灵敏度数值后出现"↓"符号。

3. 水平方向部分(HORIZONTAL):

⑳ 扫描速度选择旋钮。面板标识为 TIME/DIV,该旋钮用于调节扫描的快慢。扫描速率分: $0.1\mu s$, $0.2\mu s$, $0.5\mu s$, $1\mu s$, $2\mu s$, $5\mu s$, $10\mu s$, $20\mu s$, $50\mu s$, $0.1ms$, $0.2ms$, $0.5ms$, $1ms$, $2ms$, $5ms$, $10ms$, $20ms$, $50ms$, $0.1s$, $0.2s$, $0.5s$ 共 21 挡。扫描速度的具体数值在屏幕下方显示,如"A＝$10\mu s$"或"A＝10ms"等。这个旋钮也是一个无止点旋钮,使用时注意,左旋或右旋到底后不要继续旋转旋钮。

㉑ 扫描非校准状态按键。面板标识为扫描非校准,按下此键,扫描时即进入非校准调节状态,此时调节扫描微调旋钮㉔有效。

㉔ 扫描微调旋钮。面板标识为微调,用于连续调节 X 轴的扫描时间,逆时针方向转动时,屏幕上信号波形变宽,逆时针方向转动到底时,扫描速度减慢 2.5 倍以上。顺时针方向旋转到底时,处于校准位置,扫描速度由扫描速度选择旋钮控制。当扫描微调旋钮不在校准位时,屏幕下方扫描速度数值显示的"A"后面将不出现"＝"而是出现">"号。

㊲ 水平移位旋钮。面板标识为位移,用于调节光迹在水平方向上的位置。该旋钮顺时针方向旋转时,光迹(包括 CH1,CH2 两个通道的信号波形)向右移动,反之向左移动。

㊱ 扩展控制按键。面板标识为×10 扩展,按下此键,光标在屏幕水平方向的扫描速度增大 10 倍。扫描时间是 Time/div 开关指示数值的 1/10。此时,屏幕下方扫描速度数值显示的"A"后面将不出现"＝"而是出现"＊"号。

㉚ X-Y 控制键。面板标识为 X-Y,按下此键,示波器工作方式为 X-Y 方式,这时垂直偏转信号接入 CH2 输入端,水平偏转信号接入 CH1 输入端,同时触发源选择开关㉙应在"CH1,X-Y"位。此时屏幕下方显示为"CH1 灵敏度数 X_1;CH2 灵敏度 Y_1;X-Y X_{EXT}"。实验中,一般不采用 X-Y 方式。

㉒ 接地端子,示波器外壳接地端。

4. 触发系统(TRIGGER):

㉙ 触发源选择开关。面板标识为触发源,这也是一个四位的拨动开关,用以选择触发信号。

开关位于 X-Y(CH1,X-Y)挡时:示波器以 CH1 通道信号为触发信号。当示波器工作方式在 X-Y 方式时,拨动开关应设置于此挡,同时按下 X-Y 控制键㉚。

开关位于 CH2 挡时:示波器以 CH2 通道的输入信号作为触发信号。

开关位于电源挡时:电源频率信号为触发信号。

开关位于外接挡时:外触发输入端的触发信号是外部信号,用于特殊信号的触发。

㉗ 交替触发按键。面板标识为交替触发,在双踪交替显示时,触发信号来自于两个垂直通道,此方式可用于同时观察两路不相关的信号。

㉖ 外触发输入插座。面板标识为外接输入,用于外部触发信号的输入,此时触发源选择开关㉙应置于"外接"挡。

㉝ 触发电平旋钮。面板标识为电平,用于调节被测信号在变化至某一电平时触发扫描。当旋钮转向"+"时,显示波形的触发电平上升,反之亦然。

㉜ 电平锁定按键。面板标识为锁定,按下此按键后,无论信号如何变化,触发电平自动保持在最佳位置,不需人工调节电平。

㉞ 释抑旋钮。面板标识为释抑,当信号波形复杂,用电平旋钮不能稳定触发时,可调节此旋钮使波形稳定同步。

㉕ 触发极性按键。面板标识为极性,该键弹起时为"+",触发电平产生在触发信号的上升沿时刻;该键压下时为"-",触发电平产生在触发信号的下降沿时刻。

㉘ 触发耦合选择开关。面板标识为触发耦合,这是一个四位的拨动开关,可以根据被测信号的特点,用它来选择触发信号的耦合方式。

当开关位于"AC"(交流)挡时,为交流耦合方式,触发信号通过交流耦合电路,排除了输入信号的直流成分,可得到稳定的触发。当输入信号频率较低时(小于 10Hz),使用交替触发方式且扫描速度较慢,屏幕上的光迹出现抖动,可换 DC(直流方式)。

当开关位于"高频抑制"(HF REJ)挡时,触发信号通过交流耦合电路和低通滤波器(约 50kHz-3dB)作用到触发电路,触发信号中高频成分通过滤波器被抑制,只有低频信号部分能作用到触发电路。

当开关位于"TV"(电视)挡时,可以观察 TV 视频信号。触发信号经交流耦合后通过触发电路,将电视信号馈送到电视同步分离电路,分离电路拾取同步信号作为触发扫描用,这样,视频信号能稳定显示。

当开关位于"DC"(直流)挡时,触发信号被直接耦合到触发电路,触发需要触发信号的直流部分或是需要显示低频信号以及信号的占空比很小时,使用此方式。

㉛ 触发方式选择(TRIG MODE)。这个功能有三个按键,面板标识分别为:自动、常态、复位。触发方式分别为:自动、常态、单次。

自动触发方式(AUTO):按下"自动"键,处于自动触发方式。此时,扫描电路自动进行扫描。在没有信号输入或输入信号没有被触发同步时,屏幕上显示扫描时的线。实验中,一般采用这种触发方式。

常态触发方式(NORM):按下"常态"键,处于常态触发方式。此时有触发信号才能扫描,否则屏幕上无扫描线显示。当输入信号的频率低于 50Hz 时,使用这种触发方式。

单次触发方式(SINGLE):这种触发方式用于产生单次扫描。在"自动"(AU-TO)和"常态"(NORM)两键同时弹出时,再按下此键,触发信号来到时,"准备"(READY)指示灯亮,电路工作在单次扫描状态。单次扫描结束后,指示灯灭。按下"复位"键(RESET),电路又处于待触发状态。

5. 读出功能:

㉟ 光标测量。这个功能含有三个按键,面板标识分别为:光标开/关、光标功能、光迹 ▽-▼(基准)。三个按键配合使用可获得不同的功能。

光标开/关功能:按下光标开/关按键,可打开或关闭光标测量功能。

读出开/关功能:同时按下"光标开/关"和"光标功能"键,可打开或关闭示波器的读出状态。

光标功能按键:反复地撤按此键可选择下列测量功能:

ΔV:电压差测量。

ΔV%:电压差百分比测量(5div=100%)。

ΔVdB:电压增益测量(5div=0dB)。

ΔT:时间差测量。

1/ΔT:频率测量。

DUTY:占空比(时间差的百分比)测量(5div=100%)。

PHASE:相位(5div=360°)。

同时在屏幕的左上角显示所选测量功能的标志,如"ΔV:"、"ΔV%:"等。

光迹 ▽-▼(基准)按键:反复撤按此键可以选择垂直或者水平的移动光标,被选中的光标有一条或两条,并带有"▽"或"▼"标记;当两种光标均带有标记时,可以使用位移旋钮㊳使两个光标同时移动。

㊳ 位移旋钮。面板标识为位移,旋转这个旋钮可将选中的光标垂直或水平移动位置。

探极×1/×10 选择功能:按下"光迹 ▽-▼(基准)"按键的同时,旋转光标位移旋钮,可选择×1 或×10 的探极状态。选择×10 探极状态的同时,在屏幕下方灵敏度数值前面出现"P_{10}",并且显示的灵敏度数值增大一倍。如果 CH1,CH2 通道实际探极的衰减为 10∶1 时,可以选择这个功能,计算时直接用波形幅度所占的格数与显示的灵敏度数值相乘而获得电压值。

二、开机前的准备工作

电源开启前,示波器各开关、旋钮、按键应按下面的要求设置:

项目	编号	设置	项目	编号	设置
电源按键	⑨	弹出	耦合方式	㉘	置 AC
辉度旋钮	②	顺时针调到 1/3 处	触发极性	㉕	置+
聚焦旋钮	④	调至适中	交替触发	㉗	弹出
垂直方式	㊷	CH1	电平锁定	㉜	按下
断续	㊹	弹出	释抑旋钮	㉞	逆时针方向调至最小
CH2 反相	㊴	弹出	触发方式	㉛	置自动
垂直位移	㊸㊵	调至适中	扫描时间旋钮	⑳	0.5ms/div
灵敏度旋钮	⑩⑮	调至 0.5V/div	扫描非校准按键	㉑	弹出
灵敏度微调	⑭⑲	校准位置	水平位移	㊲	调至适中
AC-DC-接地	⑫⑱	接地	×10 扩展	㊱	弹出
触发源	㉙	CH1	X-Y 按键	㉚	弹出
触发耦合	㉘	交流			

三、读出功能

图 F4.2 是示波器屏幕示意图,虚线方框标识灵敏度、扫描时间等数值显示的位置。

当"触发方式"为"常态"时,屏幕上无任何光迹和信号点,欲观察信号需按下"自动"按键。

当通道 1 的光标读出探极选择为×10 时,此处显示"P_{10}"。

① 当"垂直方式"开关为"CH1"、"双踪"或"叠加",并且"V/DIV"(通道 1 的灵敏度选择旋钮)位于"非校准"位置时,出现">"符号。

② 显示通道 1 的灵敏度数值和单位,范围为 1mV～5V(探极×10 时,为10mV～50V),"垂直方式"开关为"CH2"时,不显示。

③ 当"垂直方式"开关为"叠加"时,CH1 和 CH2 的信号叠加,此处出现"+"号。

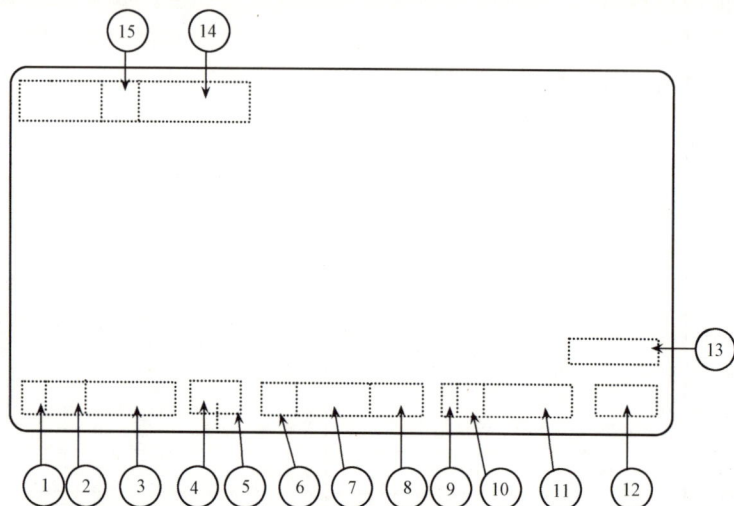

图 F4.2　屏幕示意图

④ 当"垂直方式"开关为"CH2"或"双踪"时,按下 CH2 的反相按键,出现"↓"符号。

⑤ 当通道 2 的光标读出探极选择为×10 时,此处显示"P_{10}"。

⑥ 当"垂直方式"开关为"CH2"、"双踪"或"叠加",并且"V/DIV"(通道 2 的灵敏度选择旋钮)位于"非校准"位置时,出现">"符号。

⑦ 显示通道 2 的灵敏度数值和单位,范围为 1mV～5V(探极×10 时,为 10mV～50V),"垂直方式"开关为"CH1"时,不显示。

⑧ 在扫描时间前面出现"A"。

⑨ 正常情况下出现"=",按下"×10 扩展"按键时显示"＊",按下"扫描非标准"按键时显示">"。

⑩ 显示扫描时间的数值,范围为 10ns～0.5s。

⑪ 当"垂直方式"开关为"双踪"时,两个通道按交替方式工作,此处显示"ALT",两个通道按断续方式工作,此处显示"CHOP"。

⑫ 当"触发耦合"开关在"TV"位时,此处出现"TV-V/TV-H"。

⑬ 显示七种光标测量功能的测量值和单位。

ΔV：0.0～40.0V(探极×10 时最大为 400V)

$\Delta V\%$：0.0%～160%ΔV(5div=100%)

ΔVdB：-41.9～$+4.08$dB(5div=0dB)

ΔT：0.0ns～5.00s

$1/\Delta T$：200.00mHz～2.500GHz

DUTY：0.0%～200.0%(5div=100%,基准)

PHASE：0.0°～720°(5div=360°,基准)

⑭ 在 ΔV(电压差测量)中,显示极性"＋"和"－":当▽在▼(基准)之上时出现"＋",当▽在▼(基准)之下时出现"－"。

⑮ 通过"光标功能"按键选择的测量功能在此处显示,即 ΔV、ΔV%、ΔVdB、ΔT、1/ΔT、DUTY、PHASE。

四、注意事项

1. 示波器的电源开关不宜频繁开和关(尤其不能即开即关),关机后须 3min 之后才能再次开机。

2. 应当轻缓操作示波器的旋钮、按键等,不宜用力过猛。

3. 外接信号时注意共地连接。双踪显示时,两个通道的输入信号必须是一个共地点。

附录 5　常用电子元器件(分立元件)参数

电子元器件是构成电工电子电路的基础,了解、熟悉元器件的基本性能和特点,是掌握电工电子实验操作技能的一个重要组成部分。常用的电子元器件有电阻、电容、二极管、三极管等。

一、电阻

实际电阻有电阻器和电位器。型号中的第一部分用 R 表示电阻器,用 W 表示电位器。材料有碳膜、金属膜、合成膜、玻璃釉膜等。使用电阻时要注意电阻器的标称值和误差等级以及额定功率。

电阻值的标称值指的是表 F5.1 中的数值乘以 10^n(n 为整数)所得的数值。

表 F5.1

标称系列	误差	电阻器/电位器的标称值
E24	±5%	1.0　1.1　1.2　1.3　1.5　1.6　1.8　2.0　2.2　2.4　2.7　3.0 3.3　3.6　3.9　4.3　4.7　5.1　5.6　6.2　6.8　8.2　9.1
E12	±10%	1.0　1.2　1.5　1.8　2.2　2.7　3.3　3.9　4.7　5.6　6.8　8.2
E6	±20%	1.0　1.5　2.2　3.3　4.7　6.8

选用电阻器除了考虑材料和数值以外,还应注意电阻器的额定功率,如果电阻器工作时的实际功率超过额定值,器件将会损坏。电阻器额定功率的标称系列如表 F5.2 所示。

表 F5.2

电阻类型			标称值
额定功率/W	线绕	固定电阻器	0.05,0.125,0.25,0.5,1,2,4,8,10,16,25,40,50,75,100,150,250,500
		电位器	0.25,0.5,1.0,1.6,2,3,5,10,16,25,40,63,100
	非线绕	固定电阻器	0.05,0.125,0.25,0.5,1,2,5,10,25,50,100
		电位器	0.025,0.05,0.1,0.25,0.5,1,2,3

二、电容器

实际电容器分为固定式、可变式和微调式三类。型号中第一个字母 C 表示电容,电容的材料有陶瓷、云母、玻璃釉、纸介、金属化纸介、聚苯乙烯等,非极性有机薄膜、涤纶等,有机极性有薄膜、漆膜、铝电解、金属电解等。

电容器的标称系列及误差等级见表 F5.3。

表 F5.3

电容器类型	允许偏差	容量标称值	
纸介、金属化纸介、低频极性有机薄膜介质电容器	±5% ±10% ±20%	100pF～1μF	1.0 1.5 2.2 3.3 4.7 6.8
		1～100μF	1 2 4 6 8 10 15 20 30 50 60 80 100
无极性高频有机薄膜介质、瓷介、云母介质等无机介质电容器	±5%	1.0 1.1 1.2 1.3 1.5 1.6 1.8 2.0 2.2 2.4 2.7 3.0 3.3 3.6 3.9 4.3 4.7 5.1 5.6 6.2 6.8 7.5 8.2 9.1	
	±10%	1.0 1.2 1.5 1.8 2.2 2.7 3.3 3.9 4.7 5.6 6.8 8.2	
	±20%	1.0 1.5 2.2 3.3 4.7 6.8	
铝、钽等电解电容器	±20%	1.0 1.5 2.2 3.3 4.7 6.8 (容量单位为 μF)	

电容器在长期可靠的工作条件下所能承受的最大直流电压,就是电容器的耐压。在交流电路中,要注意所加的交流电压最大值不能超过电容的耐压值。常用固定电容器的耐压(直流工作电压)系列如表 F5.4 所示。

表 F5.4

直流工作电压/V	1.6 4 6.3 10 25 32* 40 50 63 100 125* 160 250 300* 400 450* 500 630 1000 (有"*"的数值只限电解电容用)

三、半导体二极管

半导体二极管由一个 PN 结封装而成,基本特性是单向导电性。由于应用场合的不同,二极管的种类繁多。各种类型的二极管由不同的参数来描述。

二极管属于半导体器件,我国生产的半导体分立元件型号的组成及意义如表 F5.5 所示。

表 F5.5　中国半导体器件组成部分的符号及意义

第一部分		第二部分		第三部分				第四部分	第五部分
用数字表示器件电极数目		用汉语拼音字母表示器件的材料和极性		用汉语拼音字母表示器件的类型				用数字表示器件的序号	用汉语拼音字母表示规格号
符号	意义	符号	意义	符号	意义	符号	意义		
2	二极管	A	N 型锗材料	P	普通管	D	低频大功率管		
		B	P 型锗材料	V	微波管	A	高频大功率管		
		C	N 型硅材料	W	稳压管	T	半导体闸流管		
		D	P 型硅材料	C	参量管	X	低频小功率管		
				Z	整流管	G	高频小功率管		
3	三极管	A	PNP 型锗材料	L	整流堆	J	阶跃恢复管		
		B	NPN 型锗材料	S	隧道管	CS	场效应管		
		C	PNP 型硅材料	N	阻尼管	BT	特殊器件		
		D	NPN 型硅材料	U	光电器件	FH	复合管		
		E	化合物材料	K	开关管	PIN	PIN 管		
				B	雪崩管	JG	激光器件		
				Y	体效应管				
备注	低频小功率管指截止频率<3MHz、耗散功率<1W;高频小功率管指截止频率≥3MHz、耗散功率<1W;低频大功率管指截止频率<3MHz、耗散功率≥1W;高频大功率管指截止频率≥3MHz、耗散功率≥1W								

普通整流二极管主要用于将交流电流(压)变为单方向脉动变化的直流电流(压)。描述器件特性的主要参数为:①最大整流电流 I_F;②最高反向工作电压 U_{RM};③反向电流 I_R;④最高工作频率 f_m。部分普通整流二极管的参数详见表 F5.6。

表 F5.6　部分常用整流二极管的主要参数

型　号	正向电流 /A	正向降压 /V	反向电流 /μA (25℃)	最高反向工作电压 /V
2CZ53A	0.3	≤1.0	5	25
2CZ53C	0.3	≤1.0	5	100
2CZ53N	0.3	≤1.0	5	1200

型　号	正向电流 /A	正向降压 /V	反向电流 /μA （25℃）	最高反向 工作电压 /V
2CZ54B	0.5	≤1.0	10	50
2CZ54A	0.5	≤1.0	10	100
2CZ54A	0.5	≤1.0	10	800
2CZ55A	1	≤1.0	10	50
2CZ55A	1	≤1.0	10	500
2CZ56A	3	≤0.8	20	50
2CZ56A	3	≤0.8	20	600
2CZ57A	5	≤0.8	20	50
2CZ57A	5	≤0.8	20	800
2CZ58A	10	≤0.8	30	25
2CZ59A	20	≤0.8	40	25
2CZ82A	0.1	≤1.0	5	25
2CZ83A	0.3	≤1.0	5	25

稳压二极管是利用 PN 结反向击穿后,反向电流急剧上升,而击穿电压基本不变的特点来实现稳压作用的。通常只要在稳压线路中串联一个限流电阻 R,使流过稳压管的电流 I_z 满足既小于最大稳定电流又大于最小稳定电流,则稳压管两端电压可基本保持不变。

描述稳压管的主要参数为:①稳定电压 U_z;②稳定电流 I_z;③动态电阻 r_z;④额定功耗 P_z,即 $P_z = I_{zmax}U_z$ 等。常用的稳压二极管的参数见表 F5.7。

表 F5.7　部分硅稳压二极管的参数

部标新 型号	旧型号	稳定电压 U_z /V	最大稳 定电流 /mA	耗散功率 /mW	反向漏 电流 /μA	电压温 度系数 10^{-4}/℃	动态电阻 r_z /Ω			
							R_{z1}	I_{z1} /mA	R_{z2}	I_{z2} /mA
2CW72	2CW1	7~8.5	29	250	≤0.1	≤7	12	1	6	5
2CW74	2CW3	9~10.5	23			≤8	25	1	12	5
2CW75	2CW4	10~12	21			≤9	30	1	15	5
2CW76	2CW5	11.5~12.5	20			≤9	35	1	18	5
2CW53	2CW12	4~5.8	45	250	≤1	−6~4	550	1	50	10
2CW54	2CW13	5.5~6.5	38	250		−3~5	500	1	30	10
2CW55	2CW14	6.2~7.5	33	250		≤6	400	1	15	10
2CW56	2CW15	7~8.8	29	250		≤7	400	1	15	5
2CW57	2CW16	8.5~9.5	26	250	≤0.5	≤8	400	1	20	5
2CW58	2CW17	9.2~10.5	23	250		≤8	400	1	25	5
2CW59	2CW18	10~11.8	20	250		≤9	400	1	30	5
2CW60	2CW19	12.2~14	17	250		≤9	400	1	40	5
2CW61						≤9.5	400	1	50	3
2CW62	2CW20	13.5~17	14	250		≤9.5	400	1	60	3

部标新型号	旧型号	稳定电压 U_z/V	最大稳定电流/mA	耗散功率/mW	反向漏电流/μA	电压温度系数 10^{-4}/℃	动态电阻 r_z/Ω			
							R_{z1}	I_{z1}/mA	R_{z2}	I_{z2}/mA
2CW130	2CW22	3～4.5	600			≤－8	≤250	3	≤20	100
2CW131	2CW22A	4.5～5.8	500			－6～4	≤300	3	≤15	100
2CW132	2CW22B	5.5～6.5	460			－3～5	≤250	3	≤12	100
2CW133	2CW22C	6.2～7.5	400	3000	≤0.5	≤6	≤200	3	≤6	100
2CW134	2CW22D	7～8.8	330			≤7	≤200	3	≤5	50
2CW135	2CW22E	8.5～9.5	310			≤8	≤200	3	≤7	50
2CW136	2CW22F	9.2～10.5	280			≤8	≤200	3	≤9	50
2CW137	2CW22G	10～11.8	250			≤9	≤200	3	≤12	50
2DW6C		15	70				8			
2DW51		42～55	18	1000	≤0.5	≤12	≤95			
2DW60		135～155	6				≤700			

四、半导体三极管

半导体三极管由两个 PN 结构成,分为硅材料 NPN 型、硅材料 PNP 型、锗材料 NPN 型和锗材料 PNP 型四种类型。

描述三极管特性的参数繁多,大致分为直流参数、交流参数和极限参数三类。不同类型三极管的参数见表 F5.8～表 F5.14。

表 F5.8　3AX 低频小功率锗管及其他同类型锗管

部标新型号	旧型号	极限参数				直流参数			交流参数	
		P_{CM}/W	I_{CM}/mA	BU_{CBO}/V	BU_{CEO}/V	I_{CBO}/μA	I_{CEO}/mA	h_{FE}（β）	U_{CES}/V	$f(β)$/kHz
3AX31M		125	125	6	15	≤25	≤1	80～400		
3AX31A	3AX71A			12	20	≤20	≤0.8	40～180		
3AX31B	3AX71B			18	30	≤12	≤0.6			
3AX31C	3AX71C			24	40	≤6	≤0.4			
3AX31D	3AX71D		12							≥8
3AX31E	3AX71E	125		20		≤12	≤0.6			≥8
3AX31C			30							≥8
3AX81A		200	200	20	10	≤30	≤1			≥6
3AX81B				30	15	≤15	≤0.7			≥8
3AX55M				12	12	≤80	≤1.2			
3AX55A	3AX61	500	500	20	20	≤80	≤1.2	30～150		≥6
3AX55B	3AX62			30	30	≤80	≤1.2			
3AX55C	3AX63			45	45	≤80	≤1.2			

表 F5.9　3DX 低频小功率硅管及其他同类型硅管(NPN 型)

旧型号	部标新型号	极限参数				直流参数			交流参数
		P_{CM}/W	I_{CM}/mA	BU_{CBO}/V	BU_{CEO}/V	I_{CEO}/μA	I_{CBO}/μA	$h_{FE}(\beta)$	f_T/MHz
3DX4A	3DX101			≥10	≥10				
3DX4B	3DX102			≥20	≥10				
3DX4C	3DX103			≥30	≥10				
3DX4D	3DX104	300	50	≥40	≥30	≤1		≥9	≥200
3DX4E	3DX105			≥50	≥40				
3DX4F	3DX106			≥70	≥60				
3DX4G	3DX107			≥80	≥70				
3DX4H	3DX108			≥100	≥80				
测试条件				$I_C=50\mu A$		$U_{CB}=20V$		$U_{CE}=5V$ $I_C=5mA$	同左
	3DX203A			≥150	≥15			55~400	
	3DX203B	700	700	≥200	≥25	≤5	≤20	55~400	
	3DX204A			≥250	≥15			55~400	
	3DX204B			≥300	≥25			55~400	
测试条件		$T_C=75℃$		$I_C=5mA$	$I_E=5mA$	$U_{CB}=10V$	$U_{CE}=10V$	$U_{CE}=1V$ $I_C=0.1A$	

表 F5.10　3AD 低频小功率锗管及其他同类型锗管(PNP 型)

部标新型号	旧型号	极限参数				直流参数				交流参数
		P_{CM}/W	I_{CM}/mA	BU_{CBO}/V	BU_{CEO}/V	I_{CBO}/mA	I_{CEO}/mA	$h_{FE}(\beta)$	U_{CES}/V	f_T/kHz
3AD50A	3AD6A			50	18				0.6	
3AD50B	3AD6B	10	3	60	24	0.3	2.5	20~140	0.8	4
3AD50C	3AD6C			70	30				0.8	
3AD52A	3AD1 3AD2 3AD3	10	2	50	18	0.3	2.5	20~140	0.35	4
3AD52B				60	24				0.5	
3AD52C	3AD4,5			70	30				0.5	
3AD56A	3AD18A			30	60				0.7	
3AD56B	3AD18B	50	15	45	80	0.8	15	20~140	1	3
3AD56C	3AD18 C,D,E			76	100				1	
3AD57A	3AD725A			30	60					
3AD57B	3AD725B	100	30	45	80	1.2	20	20~140	1.2	3
3AD57C	3AD57C			60	100					

表 F5.11　3DD 低频大功率硅管及其他同类型硅管(NPN 型)

部标新型号	旧型号	极限参数				直流参数			交流参数
		P_{CM}/W	I_{CM}/mA	BU_{CBO}/V	BU_{CEO}/V	I_{CBO}/mA	V_{CES}/V	$h_{FE}(\beta)$	f_T/MHz
3DD59A	3DD5A			≥30					
3DD59B	3DD5B DD11A			≥50					
3DD59C	3DD5C	25	5	≥80	≥3	≤1.5	≤1.2	≥10	
3DD59D	3DD5D DD11B			≥110					
3DD59E	3DD5E DD11C			≥150					
测试条件		$T_C=$ 75℃		$I_C=$ 5mA	$I_E=$ 10mA	U_{CE} =20V	$I_C=$ 1.25mA $I_B=$ 0.25mA	U_{CE} =5V $I_C=$ 1.25mA	
3DD101A	3DD12A			≥150	≥100		≤0.8		
3DD101B	3DD15C			≥200	≥150		≤0.8		
3DD101C	3DD03C	50	5	≥250	≥200	≤2	≤1.5	≥20	≥1
3DD101D	3DD15D			≥300	≥250		≤1.5		
3DD101E	3DD15 E~G			≥350	≥300		≤1.5		
测试条件		$T_C=$ 75℃		$I_C=$ 5mA	$I_E=$ 5mA	$U_{CE}=$ 50V	$I_C=$ 2.5A $I_B=$ 0.25A	U_{CE} =5V $I_C=$2A	$U_{CE}=$ 12V $I_C=$ 0.5A

表 F5.12　3AG 高频小功率锗管及其他同类型锗管

参数 型号	P_{CM}/mW	I_{CM}/mA	$U_{(BR)CEO}$/V	I_{CEO}/μA	$h_{FE}(\beta)$	f_T/MHz
3AG1	50	10	—10		20~230	≥20
3AG2	50	10	—10	≤7	30~220	≥40
3AG3	50	10	—10		30~220	≥60
3AG4	50	10	—10		30~220	≥80

表 F5.13　3DG 高频小功率硅管及其他同类型硅管(NPN 型)

旧型号	部标新型号	极限参数				直流参数			交流参数
		P_{CM} /mW	I_{CM} /mA	BU_{CBO} /V	BU_{CEO} /V	I_{CBO} /μA	I_{CEO} /μA	h_{FE} (β)	f_T /MHz
3DG6A	3DG100M			20	15			25～270	≥150
3DG6A	3DG100A			30	20			≥30	≥150
3DG6B	3DG100B	100	20	40	30	≤0.01	≤0.01	≥30	≥150
3DG6C	3DG100C			30	20			≥30	≥300
3DG6D	3DG100D			40	30			≥30	≥300
	3DG103M			≥15	≥12			25～270	≥500
3DG11A,B	3DG103A			≥20	≥15			≥30	≥500
3DG104B	3DG103B	100	20	≥40	≥30	≤0.1	≤0.1	≥30	≥500
3DG104C	3DG103C			≥20	≥15			≥30	≥700
3DG104D	3DG103D			≥40	≥30			≥30	≥700
测试条件				$I_C=$ 100μA	$I_C=$ 100μA	$U_{CB}=$ 10V	$U_{CE}=$ 10V	$U_{CE}=$ 10V $I_C=$ 30mA	$U_{CE}=10V$ $I_E=3mA$ $f_T=$ 100 MHz
	3DG121M			≥30	≥20			25～270	≥150
3DG5A	3DG121A			≥40	≥30			≥30	≥150
3DG7C	3DG121B	500	100	≥60	≥45	≤0.1	≤0.2	≥30	≥150
3DG5C～F	3DG121C			≥40	≥30			≥30	≥300
3DG7B,D	3DG121D			≥60	≥45			≥30	≥300
测试条件				$I_C=$ 100μA	$I_C=$ 100μA	$U_{CB}=$ 10V	$U_{CE}=$ 10V	$U_{CE}=$ 10V $I_C=$ 30mA	$U_{CE}=10V$ $I_E=3mA$ $f_T=$ 100 MHz
	3DG130M			≥30	≥20	≤1	≤5	25～270	≥150
	3DG130A			≥40	≥30	≤0.5	≤1	≥30	≥150
	3DG130B	700	300	≥60	≥45	≤0.5	≤1	≥30	≥150
	3DG130C			≥40	≥30	≤0.5	≤1	≥30	≥300
	3DG130D			≥60	≥45	≤0.5	≤1	≥30	≥300
测试条件				$I_C=$ 100μA	$I_C=$ 100μA	$U_{CB}=$ 10V	$U_{CE}=$ 10V	$U_{CE}=$ 10V $I_C=$ 50mA	$U_{CE}=10V$ $I_E=50mA$ $f_T=$ 100 MHz

表 F5.14　3DK 硅开关管及其他同类型硅管（NPN 型）

型号	直流参数			交流参数	开关参数		极限参数				
	I_{CEO}/μA	I_{CEO}/μA	h_{FE}($\bar{\beta}$)	f_T/MHz	t_{ON}/ns	t_{Off}/ns	BU_{CBO}/V	BU_{CEO}/V	P_{CM}/W	I_{CM}/mA	T_{fm}/℃
3DK1A	≤0.1	0.5	30～200	≥200	≤20	≤30	≥30	≥20	100	30	175
3DK1B	≤0.1		30～200		≤40	≤60	≥30	≥20			
3DK1C	≤0.1		30～200		≤60	≤80	≥30	≥20			
3DK1D	≤0.5		≥10		≤20	≤30	≥30	≥15			
3DK1E	≤0.5		≥10		≤40	≤60	≥30	≥15			
3DK1F	≤0.5		≥10		≤60	≤80	≥30	≥15			
测试条件	U_{CB} =10V	U_{CE} =10V	U_C =1V I_C = 10mA	f_T = 30MHz U_{CE} =1V I_C = 10mA			I_C =100 μA	I_C =200 μA	I_E =100 μA		
3DK7	≤1	≤1	20～150	≥150	≤50	≤80			≥4	30	150
3DK7A	≤0.1	≤0.1	20～200	≥120	65	＜180	≥25	≥15	＞5	50	175
3DK7B	≤0.1	≤0.1		≥120	65	＜180					
3DK7C	≤0.1	≤0.1		≥120	45	＜130					
3DK7D	≤0.1	≤0.1		≥120	45	90					
3DK7E	≤0.1	≤0.1		≥120	45	60					
3DK7F	≤0.1	≤0.1		≥120	45	40					
测试条件	U_{CB} =10V	U_{CE} =10V	U_{CE} =1V I_C =10mA		I_C = 10mA I_{B1} = 1mA I_{B2} = 2mA	I_C = 10mA I_{B1} = 1mA I_{B2} = 10mA	I_C =10 μA	I_C =10 μA	I_E =10 μA		

三极管的选管原则

1. 为了保证三极管工作在安全区，应选择满足下式的三极管：

$$I_C < I_{CM}, \quad P_C < P_{CM}, \quad U_{CE} < U_{(BR)CEO}$$

2. 当输入信号频率较高时，为了保证三极管良好的放大性能，应该选用高频管或者超高频管；如果用于开关电路，为了使管子有足够高的开关速度，应该选用开关管。

3. 当要求反向电流小、允许结温高，并工作在温度变化大的环境中，则应选用硅管。要求导通压降小时，应该选用锗管。

4. 对于同种型号的三极管,应该优先选用反向电流小的管子,而且 β 值不宜太大,一般以几十至一百左右为宜。

附录6 集成电路主要性能参数和管脚图

集成电路是20世纪60年代初发展起来的新型电子器件,它采用微电子技术将二极管、三极管、场效应管、电阻、电容等元器件以及连接导线等整个电路都集合在一小块半导体晶片上,封装上外壳,向外引出若干个管脚,构成一个完整的、具有一定功能的电路。集成电路和分立元件电子电路一样也分为模拟电路和数字电路两大类。我国规定的半导体集成电路型号命名由五部分构成,见表 F6.1。

表 F6.1 常用集成电路型号组成

第一部分	第二部分		第三部分		第四部分		第五部分	
中国国标产品	用汉语拼音字母表示电路的类型		用阿拉伯数字表示电路的系列和品种序号		用汉语拼音字母表示电路的规格		用汉语拼音字母表示电路的封装	
符号	符号	意义	符号	意义	符号	意义	符号	意义
C	T H E I P N C F W J ⋮	TTL HTL ECL IIL PMOS NMOS CMOS 线性放大器 集成稳压器 接口电路 ⋮	001 ⋮ 999	有关工业部门制定的电路系列和品种中所规定的电路品种	A B C ⋮	每个电路品种的主要电参数分挡	A B C D Y T F ⋮	陶瓷扁平 塑料扁平 陶瓷双列 塑料双列 金属圆壳 F 型

示例①

T 063 A B

塑料扁平封装

$t_{pd} \leqslant 40ns$

中速系列4输入端双与非门

TTL

示例②

F 010 C Y

静态功耗 $P_c < 60mW$

低功耗运算放大器

线性放大器

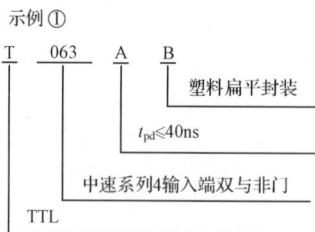

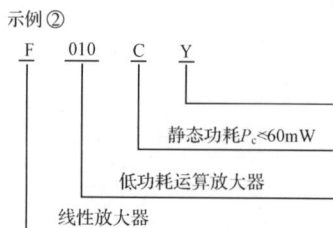

一、集成运算放大器

集成运算放大器是采用直接耦合方式的多级放大器,它的开环差模电压增益高(可达数十万倍以上),差模输入电阻高(一般大于 $1M\Omega$ 以上),输出电阻低(几十至几百欧姆),电压传输特性近乎理想。集成运算放大器分为通用型和专用型两大类。集成运算放大器参数示于表 F6.2。

表 F6.2　部分集成运算放大器的参数

类型			通用		低功耗	高阻	高速	高精度	高压
参数	国内外型号		F007 μA741	CF324C	F3078 CA3078	F3140 CA3140	CF715 μA715	CF725 μA725	F143 LM143
差模开环增益	A_{od}	dB	≥86~94	≥87	100	100	90	130	105
共模抑制比	K_{CMRR}	dB	≥70~80	70	115	90	92	120	90
差模输入电阻	r_{id}	MΩ	1	1	0.87	$1.5×10^6$	1.0	1.5	
输入失调电压	U_{IO}	mV	≤2~10	≤7	0.7	5	2.0	0.5	2.0
静态功耗	P_c	mW	≤120		0.24	120	165	80	
电源电压范围	U_{CC}	V	±9~ ±18	±1.5~ ±15	±6	±15	±15	±15	±28
最大输出电压	U_{OM}	V	±12		±5.3	+13~ −14.4	±13	±13.5	±25
共模输入电压范围	U_{icM}	V	±12	0~V_+ −1.5	+5.8~ −5.5	+12.5~ −14.5	±12	±14	26
差模输入电压范围	U_{idM}	V	±30		±6	±8	±15	±5	80
转换速率	S_R	V/μs	0.5		1.5	9	100		2.5

图 F6.1 是集成运放 μA741 和 CF324 的管脚图。

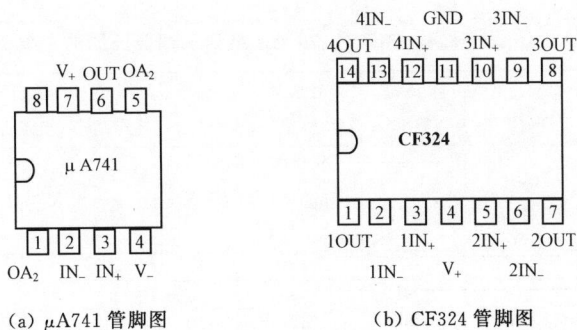

（a）μA741 管脚图　　　　　　（b）CF324 管脚图

图 F6.1

μA741 的 1、5 脚 OA₁ 和 OA₂ 端外接调零电阻的两个固定端;2 脚 IN₋ 为反相输入端;3 脚 IN₊ 为同相输入端;4 脚 V₋ 为负电源端,同时要接外接调零电阻的滑动端;6 脚 OUT 为输出端;7 脚 V₊ 为正电源端;8 脚为空脚。

CF324 为四运放芯片，OUT 为输出端；IN_ 为反相输入端；IN＋ 为同相输入端；V＋ 是正电源端；GND 为接地端；V＋ 和 GND 可接＋30V 和零电位，也可以接±15V 电源。CF324 没有外接调零电阻的端子。

二、三端稳压器

三端集成稳压电路体积小、使用方便、内部含有过流和过热保护电路，工作安全可靠。三端稳压器分为三端固定式集成稳压器和三端可调式集成稳压器两种。前者输出电压是固定的，主要有 CW78××（输出正电压）和 CW79××（输出负电压）两个系列，后者输出电压是可调的，也有输出正向和负向两种类型，W317 是常用的输出正向的三端可调稳压器。引脚排列图见表 F6.3。

表 F6.3　78××、79××、317 系列三端稳压器的引脚排列

78L05	CW7805	CW7905	CW317
1 2 3	1 2 3	1 2 3	1 2 3
正电压 78L××	正电压 78××	负电压 79××	正电压 317
1—输出	1—输入	1—地	1—可调
2—地	2—地	2—输入	2—输出
3—输入	3—输出	3—输出	3—输入

表 F6.4 列出了 78××、79×× 系列三端稳压器的主要参数。

表 F6.4　78××、79×× 系列三端稳压器的主要参数

参数 名称	输出 电压	电压调 整率	电流调 整率	噪声 电压	最小 压差	输出 电阻	值峰 电流	输出 温漂
符号 型号	U_o /V	S_u /(%/V)	S_i/mV $5mA \leqslant I_o$ $\leqslant 1.5A$	$U_N/\mu V$	$U_i - U_o$ /V	$R_o/M\Omega$	I_{CM} /A	S_r /(mV/℃)
W7805	5	0.076	40	10	2	17	2.2	1.0
W7808	8	0.01	45	10	2	18	2.2	
W7812	12	0.008	52	10	2	18	2.2	1.2
W7815	15	0.0066	52	10	2	19	2.2	1.5
W7824	24	0.011	60	10	2	20	2.2	2.4
W7905	−5	0.076	11	40	2	16		1.0
W7908	−8	0.01	26	45	2	22		
W7912	−12	0.0069	46	75	2	33		1.2
W7915	−15	0.0073	68	90	2	40		1.5
W7924	−24	0.011	150	170	2	60		2.4

三、集成定时器电路

集成定时器是将模拟电路和数字电路相结合的中规模集成电路,它的使用灵活方便,带负载能力强,应用十分广泛,可以完成单稳态触发器、无稳态触发器(多谐振荡器)等多种功能。常用的集成定时器芯片有 555 和 556 两种,555 是单时基集成芯片,556 是双时基集成芯片,图 F6.2 是它们的管脚图。

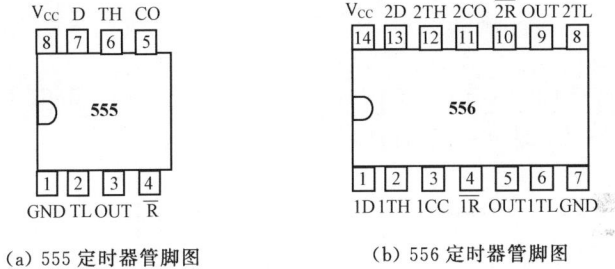

(a) 555 定时器管脚图   (b) 556 定时器管脚图

图 F6.2

管脚中的 GND 为接地端;TL 为低电平触发端;OUT 为输出端;R 为复位端;CO 为电压控制端;TH 为高电平触发端子;D 为放电端子;V_{CC} 是电源端子。

四、常用 TTL 数字集成电路管脚图

图 F6.3 是常用的组合逻辑电路集成芯片管脚图。

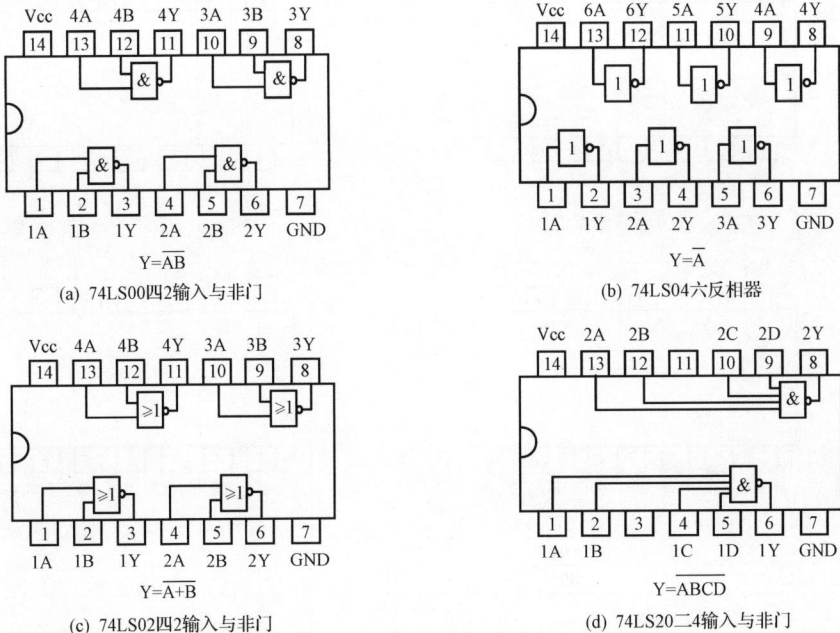

(a) 74LS00四2输入与非门   (b) 74LS04六反相器

(c) 74LS02四2输入与非门   (d) 74LS20二4输入与非门

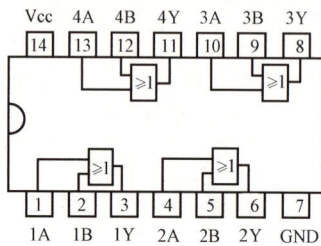

(e) 74LS32四2输入或门

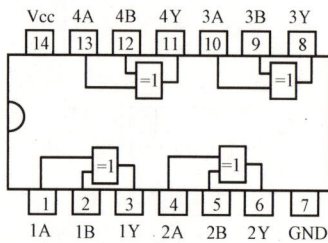

Vcc 4A 4B 4Y 3A 3B 3Y
14 13 12 11 10 9 8

≥1 ≥1
≥1 ≥1

1 2 3 4 5 6 7
1A 1B 1Y 2A 2B 2Y GND

(e) 74LS32四2输入或门

(f) 74LS138 3-8线译码器

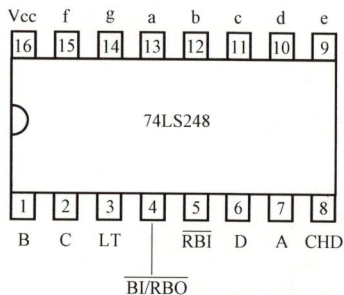

Vcc Ȳ0 Ȳ1 Ȳ2 Ȳ3 Ȳ4 Ȳ5 Ȳ6
16 15 14 13 12 11 10 9

74LS138

1 2 3 4 5 6 7 8
A0 A1 A2 Ḡ₂ₐ Ḡ₂ᵦ G1 Ȳ7 GND

(f) 74LS138 3-8线译码器

(g) 74LS86四2输入异或门

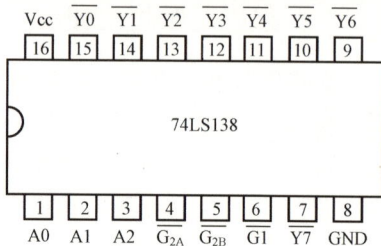

Vcc 4A 4B 4Y 3A 3B 3Y
14 13 12 11 10 9 8

=1 =1
=1 =1

1 2 3 4 5 6 7
1A 1B 1Y 2A 2B 2Y GND

Y=A⊕B

(g) 74LS86四2输入异或门

(h) 74LS248 4线——7段译码器/驱动器

Vcc f g a b c d e
16 15 14 13 12 11 10 9

74LS248

1 2 3 4 5 6 7 8
B C LT R̄B̄Ī D A CHD

B̄Ī/RBO

(h) 74LS248 4线——7段译码器/驱动器

图 F6.3　常用的组合逻辑电路集成芯片管脚图

图 F6.4 是常用的时序逻辑电路集成芯片管脚图。

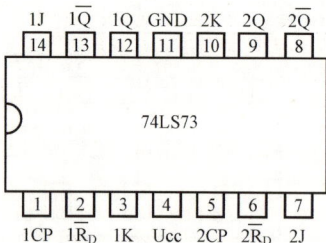

1J 1Q̄ 1Q GND 2K 2Q 2Q̄
14 13 12 11 10 9 8

74LS73

1 2 3 4 5 6 7
1CP 1R̄_D 1K Ucc 2CP 2R̄_D 2J

(a) 74LS73双JK触发器(后沿触发)

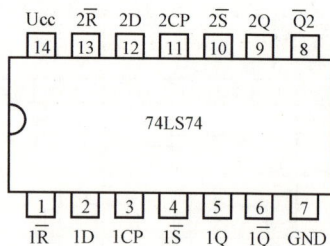

Ucc 2R̄ 2D 2CP 2S̄ 2Q Q̄2
14 13 12 11 10 9 8

74LS74

1 2 3 4 5 6 7
1R̄ 1D 1CP 1S̄ 1Q 1Q̄ GND

(b) 74LS74双D触发器(前沿触发)

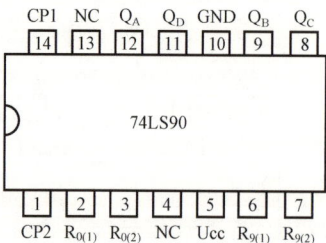

CP1 NC Q_A Q_D GND Q_B Q_C
14 13 12 11 10 9 8

74LS90

1 2 3 4 5 6 7
CP2 R_{0(1)} R_{0(2)} NC Ucc R_{9(1)} R_{9(2)}

(c) 74LS90 2-5十进制计数器(后沿触发)

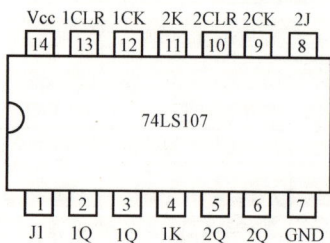

Vcc 1CLR 1CK 2K 2CLR 2CK 2J
14 13 12 11 10 9 8

74LS107

1 2 3 4 5 6 7
J1 1Q 1Q̄ 1K 2Q 2Q̄ GND

(d) 74LS107双JK触发器(后沿触发)

Ucc 1$\overline{R}_D$ 2$\overline{R}_D$ 2CP 2K 2J 2$\overline{S}_D$ 2Q

| 16 | 15 | 14 | 13 | 12 | 11 | 10 | 9 |

74LS112

| 1 | 2 | 3 | 4 | 5 | 6 | 7 | 8 |

1CP 1K 1J 1$\overline{S}_D$ 1Q 1$\overline{Q}$ 2$\overline{Q}$ GND

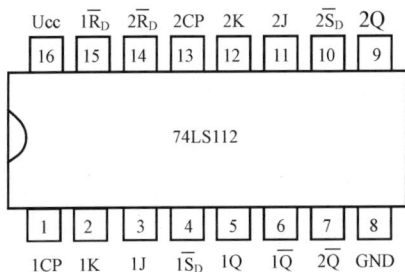

(e) 74LS112双JK触发器(后沿触发)

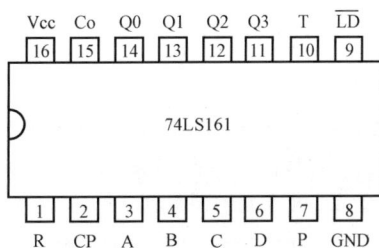

Vcc Co Q0 Q1 Q2 Q3 T $\overline{LD}$

| 16 | 15 | 14 | 13 | 12 | 11 | 10 | 9 |

74LS161

| 1 | 2 | 3 | 4 | 5 | 6 | 7 | 8 |

R CP A B C D P GND

(f) 74LS161 4位二进制同步计数器

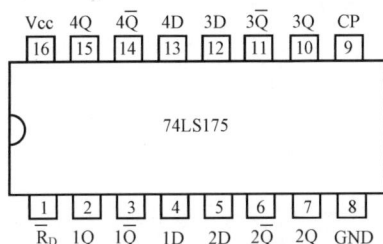

Vcc 4Q 4$\overline{Q}$ 4D 3D 3$\overline{Q}$ 3Q CP

| 16 | 15 | 14 | 13 | 12 | 11 | 10 | 9 |

74LS175

| 1 | 2 | 3 | 4 | 5 | 6 | 7 | 8 |

$\overline{R}_D$ 1Q 1$\overline{Q}$ 1D 2D 2$\overline{Q}$ 2Q GND

(g) 4D触发器74LS175(前沿触发)

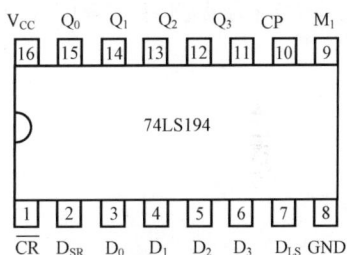

V_{CC} Q_0 Q_1 Q_2 Q_3 CP M_1

| 16 | 15 | 14 | 13 | 12 | 11 | 10 | 9 |

74LS194

| 1 | 2 | 3 | 4 | 5 | 6 | 7 | 8 |

$\overline{CR}$ D_{SR} D_0 D_1 D_2 D_3 D_{LS} GND

(h) 4位双向通用移位寄存器(并行存取)

图 F6.4　常用的时序逻辑电路集成芯片管脚图

我们在实验中还要使用七段发光二极管(LED)显示器,其结构和管脚图如图 F6.5所示。采用共阳极接法时公共端接＋5V 电源,其他各脚接高或低电平信号,接低电平时 LED 发亮;采用共阴极接法时公共端接零电位点,其他各脚接高或低电平信号,接高电平时 LED 发亮。

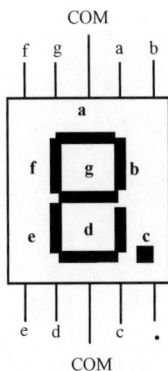

COM

f g a b

a

f g b

e d c

e d c .

COM

图 F6.5　LED 显示器管脚图

参 考 文 献

电子工程手册编委会集成电路手册分编委会. 中外集成电路简明速查手册——TTL、CMOS 电路. 北京:电子工业出版社. 1991

彭介华. 电子技术课程设计指导. 北京:高等教育出版社. 1997

秦曾煌. 电工学(上下册). 第 6 版. 北京:高等教育出版社. 2004

唐介. 电工学(少学时). 第 2 版. 北京:高等教育出版社. 2005

杨立功. 电子技术实验实习教程. 昆明:云南科技出版社. 2004